U0167473

再造桃源：当代中式社区十谈

Rebuilding the Peach Blossom Land:

10 Talks of Contemporary Chinese Community

焱 卿州　编著

中国建筑工业出版社

图书在版编目（CIP）数据

再造桃源：当代中式社区十谈 = Rebuilding the
Peach Blossom Land : 10 Talks of Contemporary
Chinese Community / 李焱，卿州编著. —北京：中国
建筑工业出版社，2021.12
　ISBN　978-7-112-26726-2

　I.①再…　II.①李…②卿…　III.①住宅—建筑风
格—中国　IV.①TU241

　中国版本图书馆CIP数据核字（2021）第215330号

副 主 编：刘一霖
编辑团队：程　思　陈欣彤　许静瑶　陈晓彤　吴康馨
视觉设计：吴康馨　杨　林
责任编辑：滕云飞
责任校对：党　蕾

再造桃源：当代中式社区十谈
Rebuilding the Peach Blossom Land:
10 Talks of Contemporary Chinese Community
李焱　卿州　编著

*

中国建筑工业出版社出版、发行（北京海淀三里河路9号）
各地新华书店、建筑书店经销
北京点击世代文化传媒有限公司制版
北京富诚彩色印刷有限公司印刷

*

开本：787毫米×1092毫米　1/32　印张：6¾　插页：2　字数：181千字
2022年5月第一版　2022年5月第一次印刷
定价：78.00 元
ISBN 978-7-112-26726-2
（38509）

关于本书
About this book

　　大约在 2010 年杭州西子湖四季酒店项目投入使用之际，行业内兴起了一股中式住区开发的热潮。十几年来，伴随着纷至沓来的中式项目邀约，goa 大象设计完成了众多重要的作品，并在实践过程中推动了行业标准的建立和提升。

　　收到中国建筑工业出版社的书稿邀约时我们倍感意外，也感到义不容辞。经过十余年的探索，传统建筑符号和风格语言在居住地产开发市场受到广泛欢迎，从行业角度来说是值得被记录的时代注脚，对此做一次系统性的创作实践总结有其深远意义。同时《再造桃源》的邀稿也提供了一个新的视角，让我们从外界的角度重新审视中式住宅产品的意义和影响。

　　出版社认为这将是一本能够让开发商或者设计从业者快速搞懂中式建筑的"工具书"，然而面对大量的实践项目资料我却毫无头绪，迟迟未有进展。直到专注于城市风貌创新与历史文脉延续研究的李焱老师找到我们，希望获得授权使用大象设计中式项目的资料作为课题研究对象，我们不谋而合，决定共同完成这项编著工作。本书通过十余个中式作品的详细解读对大象设计中式建筑体系进行了梳理，结合编者对当下行业实践的观察总结一并呈现给读者。相信这次总结会推动我们自身在未来的实践，如果能为广大同行或爱好者带去些许启发，将是我们的荣幸。

郫州，goa 大象设计副总经理

目录 Contents

01

传统的魅力

The Glamour of Tradition

中式建筑
美在何处

The Beauty of Chinese-style Architecture 童明

沃尔特·格罗皮乌斯说："所有视觉艺术的终极目标是完整的建筑！"

面对着工业时代各类艺术之间的分崩离析，他说这句话的意思是，绘画、雕塑、音乐、空间、装饰等各类艺术不应当孤立存在，需要通过石工、木工、瓦工、画工、五金工等之间的通力合作，才能将各类艺术融合在一起，同时也相应拯救了这些工艺本身。因此，建筑师需要与画家、诗人、雕塑家、音乐家一道，重新认识并学会如何去实现建筑的复合性特征，各类艺术也只有在整体的物质环境中才能充分发挥出来。

这样一种由整体而来的艺术感，在歌德的言语里也同样非常明确。在一篇赞美哥特建筑的随想中，他曾说："当我一走到教堂面前，就被那景象所深深地震撼，激起的情感真是出人意料！一个完整的巨大的印象激荡着我的心灵，这印象是由上千个和谐的细部构成，因此我虽然可以品味和欣赏，却不能彻悟它的底蕴。有人说，天国的欢乐就近乎于此。"

建筑作为美的艺术，其作品目的应当服务于视觉。然而这样一种视觉却似乎难以描述，需要诗人般的语言："看呐！那值得赞美的建筑物就立于我的眼前：它是我亲眼所见的第一座完整的古代建筑。这是一座朴素的神庙，十分适合于这座小城，但依然是那么完美，设计得那么好，以至于它在任何地方都是一件装饰物。"但是并非人人都可以成为歌德，采用文字去描绘眼前所看见的图景。或者也可以这么认为，建筑应该主要为人的感受去服务，当人们徜徉在建筑之中，根据某些规则来运动时，偶尔会有一种愉悦感。甚至如果我们引导一个蒙上眼睛的人穿过一座造得很好的房子，应该也能够在他心中唤起这同样的感觉。

这样一种感觉必定不只来自于实用性目的，也就是直接为满足眼前现实需要而建造的建筑物。建筑如要上升为一门艺术，达到更高的目的，除了实用性以外，还必须与某种感受力相和谐。这种感受力来自于某种莱布尼兹所提到的统觉。莱布尼兹认为，统觉是一种自发性活动，它主要依赖于心灵中已有内容的影响。通过统觉，人们理解、记忆和思考相互联合的观念，从而使高级的思维活动得以完成。

譬如当人们游览于罗马圣彼得大教堂前方的广场回廊中时，通过柱廊所提供的运动感使人们感受到广场的空旷、教堂的壮美，以及那种无比崇高的宗教感。于此，建筑艺术除了使人们获得视觉享受以外，还使人在运动的过程中获得了更多的切身体验。

然而，这样一种情景却难以适应于中式建筑。

中国传统建筑的本质，必然也在于它的艺术性。但这一艺术性所强调的并非是天国之欢乐，而是人性之愉悦。

正是在本质上的这种差异，中式建筑并非如同西式建筑那样成为一种公共景观式的场所。它是一种精致艺术的产物。好似一座文人园林，就如一幅写意山水，在这样一幅特殊画面中，观者是"静览"而非"俯瞰"，是"漫游"而非"径穿"。中式建筑中的小径、曲廊和屏门，并非只是为了通达；白墙、黛瓦与檐廊，也并非只是为了庇护。中式建筑不只是一种功能性的空间载体，它也是颐养静思之地。

尤其对于传统文人而言，建筑并不代表着一种居住容器，它就是一个生活世界。当人们不再停留于外部视看，而开始生活于其中时，有关中式建筑中的生活方式则会释然而解。所谓的桃源梦境，并不遥远。

于是在通识层面上，格罗皮乌斯有关建筑的解析是充分的，因为无论西式建筑还是中式建筑，它们都是一种艺术性的整体。由此绽放出来的，是一种感受力的统觉。但是所存在的差异性，则可以从它们所指向的内涵进行理解。

我们可以说，中式建筑不仅在于悦目，同时意在会心。

童寯先生认为，在崇尚绘画、诗文和书法的江南园林中，造园的意境并不拘泥而迂腐，相反，舞文弄墨如同喂养金鱼、品味假山那样漫不经心、处之淡然，隐逸沉思则比哗众喧闹更加令人愉悦。

西式建筑虽然在感官上能使得外观、内部、环境、景观融合一体，但中式建筑却能够将自然的鲜活、生命的搏动，优雅地传达给受众。由此而言，中式建筑的宗旨更加注重精神哲理，而非浅止于感性体验。

中式建筑一般环以高垣，西方的中世纪回廊同样如此，它们被用来屏蔽凡俗的外部世界。然而在中式庭院中，氛围轻松愉悦、鲜活成趣，令人赏心悦目。由于建筑的精妙布局，游者眼前所见，始终仅为整体中的某一局部，从而引导观者向前探寻，想出意外。童寯先生曾经描述穿过蒂沃利的艾斯泰庄园的昏暗的走廊和大厅之时，眼前随着一片无比壮丽的风光的出现而豁然开朗，然而这种体验在中式建筑中却较为罕见。中式建筑中并不强调壮观和伟大，而是将建筑所构筑的环境视为人类与自然之间普遍存在的一种深层对话，从而成为地域文明的一种最高体现。

充分欣赏一座朴实而无事喧哗的中式建筑以及其中的生活，必须亲历其境，漫步逗留，立坐进出，认真体验整座建筑院墙内的每一角落。在这点意义上，中式建筑与歌德的观点基本相同：仅当真正绕行并游走其中时，建筑生命才能得以体验。尽管如此，这两者之间的不同之处仍然在于文化性的根基。

在西方建筑中，建筑的整体性和恢宏效果来自于建筑各部分的完美比例，以及合乎自然的数理法则。作为美的艺术，建筑的最高目的是要满足于人类的感官需求，"使感觉得到最高满足，并提升有教养的心灵达至惊奇与狂喜"。这种对于伟大艺术作品的惊奇感和精神体验，来源于建筑理论传统或者专业化训练，也来源于关于艺术的诗性般热情，对于作品的直觉性观察。

在中式居所中，建筑更多的是一种感觉的艺术，而不是测量的艺术，它取决于建筑各部分之间的和谐关系。在崇尚绘画、诗文和书法的中式建筑中，建筑环境的氛围并不拘泥，"舞文弄墨如同喂养金鱼、品味假山那样漫不经心，处之淡然、隐逸沉思则比哗众喧闹更为享乐"。

这样一种品味反过来又会映射到建筑空间的构成要素中，就如平整素白的墙面加上成组薄砖片瓦叠砌的漏窗，可以映衬出周边自然环境之优美，而这种空间构成的方式，恰恰呈现出中国建筑哲学的深层理念，就如童寯先生的描述："它以墙掩藏内秀而以门洞花格后的一瞥以召唤游人，空白的粉墙寓宗教含义，对禅僧来说，这就是终结和极限。"

中式传统建筑，代表着中国的久远文化，长期以来，渐成共识。然而这一普遍共识，在当代却较难转化成为一种实质性的认知方法，因为观赏一座传统建筑，需要理解它所包含的中国哲学和美学内涵，需要熟悉它所植根的深厚传统与文化土壤，需要懂得它特有的、别致的风格与意境。

当前中式建筑在时代潮流面前所面临的局面，与格罗皮乌斯当时对于欧洲建筑艺术的忧虑并无不同。面对着各类艺术自鸣得意地离群索居的状况时，他说："拯救它们的唯一出路，就是让一切手工艺人自觉地进行团结合作。建筑师、画家和雕塑家必须重新认识到，无论是作为整体，还是它的各个局部，建筑都具备着合成的特性。有了这种认识以后，他们的作品就会充满真正的建筑精神。"这样的一种精神，在中式建筑里本身就是天然蕴涵的。

　　当包豪斯学派在呼吁建筑师、画家、雕塑家，必须回归手工艺时，当西式建筑因为所谓的"职业艺术"而倍受折磨时，中式建筑在艺术家与工匠之间并没有根本的不同。建筑师本身是超然的工匠，在出乎意料的某个灵光乍现的倏忽间，艺术会不经意地从他的手中绽放出来。正是在工艺技巧中，蕴涵着创造力最初的源泉。

　　于是关于中式建筑，重点并不在于一种史料的发掘与梳理，也不在于一种直观的描绘与赞美。当今的中式建筑，应该使自己重新扎根于过去的传统之中，同时为了进入现代文明，也应该引入科学、技术和社会的合理性。在这里所存在的挑战就是：如何在进行现代化的同时，保存自己的根基？如何在唤起沉睡的古老文化的同时，进入现代文明？

　　关于这一问题的应答，只有当我们将栖居之所视为人类与自然之间普遍存在的一种深层对话，才会获得较为满意的答复，来自于中式建筑的气息就会油然而生。

　　中式建筑并不具象存在，当带有情境性的语言带出了建筑的抽象结构，就可以使得传统建筑与现代语言之间形成可能的对话关系。更为重要的是，可以带起建筑师出自艺术本性的一种独特素养，可以重新唤起一种久已埋没的文化精神。

作者简介：童明，著名建筑理论家，东南大学建筑学院教授，博士生导师，上海梓耘斋建筑工作室（TM Studio）主持建筑师。

准则的探索

The Exploration of Principles

新时代的中式居住
Chinese-style Residence in the New Era

何兼

　　带有中国古典建筑符号和场景形态的居住社区，在二十年来的中国地产界和建筑学术界，一直是一个颇受关注和争议不断的话题。所谓"话题"，是指其持续性地占据着某个维度的审美意图和产品价值高点，而与此同时，又绝非可简单复制为中国城市化的主流面貌。它必然会被社会大众关注，又注定是小众的产量，这种外象的敏感性，与内向的圈层性，交织为一种独特的行业焦点，也由此成为本书编著的起点。

　　回忆很多年前，杭州"桃李春风"在市场上一炮而红，"中式风格"瞬间成为地产界面向高端客群的价值线索，而且这条产品线，秒杀了不同地点区域和城市地段的区隔，激发出巨大的市场昭示力。耐人寻味的是，中式风格并非该项目首创，市面上也早而有之，不温不火。唯有这次看似不经意的产品出世，才瞬间将这个方向引向高位，博得喝彩。

　　站在 21 世纪的第三个十年，我们依然有足够的理由，来反思中式领域里的经验和机遇：是十年磨一剑的产品升级，还是得来不费功夫的机会主义？

在追溯中式社区时，我们经常提到有一座并非住宅但同样具有人居特质的项目——西子湖四季酒店，它是中式产品系谱的经典，也是这个领域最早一代成功的建筑学探索。

由于酒店坐落于西湖核心景区内，风格样式算是命题作文。只是业主和大象一贯的方法论是在动笔之前，总是要做一番研究：恰如中国艺术，究竟哪些手法能代表最高成就，就像齐白石的虾，徐悲鸿的马。在一系列细腻的研究基础上，再求融会贯通，炼成一套新招式，期待能在江湖驰骋数年。

西子湖四季酒店项目落成，自然引起轰动，众人艳羡之余，皆以为此物应为庙堂之属，非常人之玩物。之后也确有三两成品，价高且量少，似乎一切已有公论，也就淡出大众的视野。

然而，有言云，是金子总是要发光的。就是当年西子湖四季酒店的探索，使业界的开发商和设计院有了某种默契和共识，中式风格可以为高端居住项目所用。正所谓：旧时王谢堂前燕，飞入寻常百姓家。

回到当下，中式风格第一波热潮接近尾声，再求创新也是迫在眉睫的事情。我们既要对过去这段时间的中式风格实践做一些总结性的讨论，也需要思考中国的文化意象在未来社区中继续传递和转译的方法和路径。

在中国，行业前辈做学问的态度是非常严谨的。比如谈到西洋建筑，肯定会用到古典这个字眼，但似乎并没有相对应的中国古典建筑的说法。虽然自中国营造学社始，关于中国古代建筑的研究已相当成体系，在二十世纪上半叶，已经有前辈在尝试把这些成果延伸于当代的实践，其中最具代表性的当是近现代时期的南京中山陵园建筑群。这种以西洋古典建筑的尺度与比例体系重构中国传统官式建筑的手法，在若干年之后有了一个新的名称叫民国风。

但凡不是以修复为目的的仿古建筑，都有一个对传统样式的价值判断的过程。"民国风"选择了北方官式建筑为蓝本，其后不同时期也有选择民居建筑为蓝本的尝试。然而，在中国传统建筑类型之中，还有一个很特别的门类，就是江南园林建筑。仔细甄别尚存的实物和有翔实材料的各类传统建筑，贴近日常且又有人文内涵，以苏州园林为主体的"江南古典"（这不是一个学术名词，但在这里却颇为合适）园林无疑是最佳研究蓝本。

江南园林之所以值得关注，除了看得见的品质之外，更重要的是隐含其中的方法体系。这也就不难理解为什么学界会把江南园林作为一个独立的研究门类。西子湖四季酒店无疑是以江南园林为蓝本的某种延续和重构。

在西洋古典建筑构图法则中，建筑是被放置在一个无限延伸的平面上进行研究的，而园林里的建筑则是在一个有边界且有特定视点的场地之中。童寯先生的《江南园林志》特别强调画境的重要性，它在建筑学维度上的解读，就是建立虚拟化的尺度体系。

goa 早期的实践经验中，合院这种建筑形制是早于中式产品出现的。但是在早年的西洋古典建筑的空间格局里，那个尺度的庭院除了赋予某种实用属性之外，难有其他的发挥余地。在这类称为法式合院的产品里，庭院只是一个附属的场所。相比之下，因得益于中国古典园林的尺度转换——这种"魔法"，同样尺寸的中式庭院具有大得多的场景容量，于是庭院与建筑的关系被反转了，成为两者关系中的主导。

直到今日，不论建筑符号变化千秋，不论唐风宋意起伏转承，庭院作为中式社区的绝对文化核心的主导权，依然存在。

如果我们仔细研究苏州留园的建筑与庭园的相互关系，就会发现其中的建筑大致可以分为三类，第一类是作为场景配置的建筑，例如那些建于假山上的亭子；第二类是园林中的主体建筑，其功能类似于剧院里的观众席，例如涵碧山房；还有第三类是作为园林边界的建筑，其功能类似于舞台的布景，例如曲溪楼。

在今日看来，曲溪楼的研究价值甚至大于前两种类型，因为它承载了至关重要的尺度转换作用。从平面上看，它是一个体量很小的房子，但是在面向园林一侧的建筑立面，却能够给人以一座大房子的印象。中国古典园林的这一类尺度魔法，是值得我们深入挖掘的文化宝藏。在大象设计出品的很多建筑中，都试图玩转尺度体系上的趣味性。

　　在本书收录和研究的很多作品中，我们看到了中国文化在当代性上的各种诠释，从木守西溪到阿丽拉乌镇，它们或繁或简，手法不同，但对于庭院关系的把握、对于尺度转换的控制、对于江南原型的重构，无疑是深深刻画在骨髓之中的文化准则。虽然我们无法完全用工程学的方程推演去抽象定义和描绘这些关系，但本书的确试图做到某种范式解析上的准确度，它会让我们在阅读中式建筑时，体悟到一种新时代的愉悦和节制。

苏州留园平面示意图摹绘

1 涵碧山房
2 曲溪楼
3 至乐亭
4 舒啸亭

作者简介：何兼，goa 大象设计执行总裁，总建筑师，正高级工程师，国家一级注册建筑师，RIBA 英国皇家特许注册建筑师，高端住宅设计领域资深专家，长期致力于城市住宅开发及人居体验研究。

03

寻找乌托邦

In Search of the Xanadu

现代城市中的中式社区
Chinese-style Community in Contemporary Cities

在很多语境下，我们似乎将古典的建筑符号与当代城市的生活方式加以对立，而在现代主义的真正进程中，每个时代都有自己对于历史和传统的独特探索，或为激进、或为温和，为社区营造带来丰富的价值源泉。

一百年前，现代主义的先驱们曾经提到："关于新住宅的问题最终将归于我们这个时代材料、社会结构和精神结构的改变，只有从这个层面去考虑，这些问题才能得到解决。……集约化和类型化的问题只是一个局部的问题，它们只是手段，并不是目标。新住宅的问题究其根源是精神层面的问题。而关于新住宅的纷争只是有关新生活方式的大纷争中的一个组成部分。" ① 【1】

---

① 1927 年，德意志制造联盟（Deutschen Werkbund）在德国斯图加特举办了建筑展 "Die Wohnung"（住宅 / 居住）。这是运用现代主义理念解决住宅问题的第一次尝试。密斯作为这个项目的艺术总监在谈论魏森霍夫住宅区 (Weissenhofsiedlung) 建筑风格时是这样说的。

以"光辉城市"设想为代表的现代主义住宅以大工业为背景，试图对工业化本身的弊病进行克服，对世界众多大城市的居住规划产生了深刻影响

　　1927 年在运用现代主义理念解决新居住问题的第一次尝试中，密斯便清晰地提出了解决居住问题的核心要素——生活方式。一百年来，各种建筑思潮、建筑样式风起云涌，关于生活方式的纷争将始终持续，营造什么样的社区形态，创造什么样的居住产品，是每个时代本土文化永恒的探索。

Contemporariness and Return

当代与回归

不可否认的是，当代中国住宅的平面构成来源于西方现代主义的设计理论，但是经过中国人生活习惯的调整和文化视角的推演，已经逐渐形成了当代中国的"自有模式"。因此，我们可以看到舶来的样式在侵蚀地域传统的同时，它也被本土文化所异化，而成为一种适合于本土实际的生活方式。[2] 全球化和本土化加速激发了建筑和设计的多样性，也将为未来更复杂的社会问题提供不同的解决方案。

随着新兴"创意阶层"②的进一步崛起，社会文化心理亦随之发生了更大的转变，工业时代的机器感逐渐被丰富的人情人性所打破。当代中国"创意阶层"有着世界的格局更对本土文化充满感念，他们不再满足于全球化的西方主义，开始寻求属于自身的文化精神共鸣。[3] 反映在建筑艺术领域，一股"寻找适于当下中国建筑文化表达"的思潮开始涌动。怎样的一座"城"，才能在科技的澎湃与文化的坚守中找到平衡，成为当代创意阶层身体与心灵的自然归处？

---

② 随着全世界后工业化的到来，创意经济正在兴起，传统的以技术发展为导向、科研人员为主体、实验室为载体的科技创新活动正转向以用户为中心、以社会实践为舞台、以共同创业、开放创新为特点的用户参与新模式。在这样的背景下，多伦多大学理查德·佛罗里达（Richad Floride）明确提出了"创意阶层"（The Creative Class）理论。

位于杭州未来科技城核心地带的湖境云庐项目正是在"未来"与"江南"的当代表达中寻求解决方案，因此成了绝佳的观察对象。未来科技城已经越过初创期，正在从"建园"走向"造城"。新业态和新模式的出现势必带来城市发展方向、模式和路径的新探索，对城市的格局和气韵带来显性或隐性的影响。在社区营造中，建筑师推崇舒畅、自然、高雅的生活情趣，强调人性经验在设计中的主导作用；强调设计的历史文脉，追求传统的典雅与现代的新颖相融合；强调创建集传统与现代，融古典与时尚于一体的特定城市场域。[4] 在艺术风格上，以传统与未来的复杂性和矛盾性去洗刷现代主义的简洁性与单一性，主张多元化的统一，这一思潮正表达了当代创客体现个性与文化内涵的精英心理。

因此，中式社区是当代"中国式"在特定时间与空间下，在传统建筑文化、居住哲学中的探寻，它与现实的社会行为与生活方式保持着紧密的联系，并成为传递历史文化信息的媒介。文化上的独特视角，使当代中式建筑得以用自己独特的方式言说。当我们面向当代精神层面实践有情怀的营造，任何过多强调普适性的推论都会显得缺乏意义，中国的"千城一面"也因为中式社区的出现而掀开了差异化的途径。出于中式社区不可分割的文化属性，使得这个领域的实践，较之其他任何居住类型，都更有历史意义和探讨价值。

Cities and Settlements

城市与聚落③

在当代城市环境下创造传统空间意境，限制着某些设计的边界。首先，这种创造必须满足现代化城市社区的设计需求，在规划中实现交通、疏散和使用效率；其次，它需要尊重现代化的生活方式和空间使用逻辑，实现组团居住、中心花园、宅间绿地的分级管理；再次，它必须顺应人类活动方式的改变：汽车扩大了生活的半径；骑行、慢跑等生活方式也带来了空间类型的改变。尽管如此，这些客观限制也启发着某些创新的设计策略。

"一个地域、一个民族的特征非单纯的方式所能记述""各个聚落是否是从共同的图表中抽出各按所好的要素组合与配列规则，加上自己的技巧和智慧而规划出的具体聚落呢？"【5】

在访谈中，goa 大象设计的建筑师不约而同提到了日本建筑师原广司的"聚落空间"构成理论。在时代的语境下，原广司的建筑作品带有毫不含糊的现代性，而其对于历史因素特别是聚落这一因素的思考，又为我们探索历史传统的当代转译，提供了方法论层面的参照。

---

③ "聚落"，相当于我们通常所说的"传统民居"，但后者在定义上不明确。在空间上它既指"个体"，也指"群体"；从时间角度看，普通的民居无论是在现在还是在将来都是人们持续生活的场所，什么时候算传统，什么时候算非传统，并不容易划分。"聚落"这个概念介于 Colony(聚居地) 和 Viliage(村落) 之间，是一个文化的空间的复合概念。黄禾名，原广司空间构想的经纬——来自集落的启迪 . 世界建筑，1988/02。

各具特色的中国地方聚落
左上：丽江古城　　右上：乌镇西栅
左下：北京古北水镇　　右下：安徽宏村

以中式传统建筑的基本要素为出发点，灵活运用聚落的构成逻辑并顺应当代城市规划特征，也许是中国当下解决社区问题的办法之一。

只要抓住住居类型的要素与配列规则这个"内核"，在一个生活领域中依据这个内核，聚落便得以具备自我成立的条件，而现代城市化社区设计的边界性问题，则只需要通过建筑师的技巧便得以解决。在宏观的场所特征下，以相同的建筑语言，配列规则的微差，导出不同的居住单元，仍然可以具有相同的聚落文化。

当代中式社区虽然"埋藏"于城市之中，必须面对和解决诸多城市生活带来的使用效率、空间规模、活动尺度和居住方式带来的问题，但是只要找到合适的要素和组织秩序，即能形成有文化特色的中式聚落空间。例如，在南京桃花源的规划设计中，利用"园中园"的空间组织逻辑，化巨为微，多空间、多层级地将中式基本设计要素组织起来，二者共同形成了设计的"内核"，"在聚落中建造聚落。在住居中建造住居。"[6]真正实现了中式社区"都市的埋藏"。

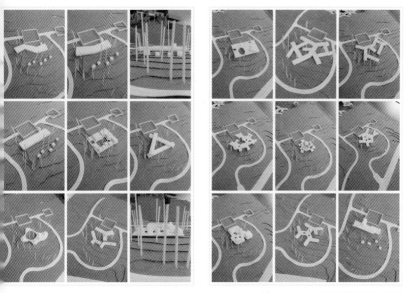

南京桃花源工作模型

Countryside and Dream Creating

郊野与造梦

时至今日，很多中国人的居住理想仍然是拥有一座当代的中式自宅，以及它所承载的生活方式。在孤立的郊野环境中"无中生有"，便是营造这样一个理想，即"造梦"。

"梦"即是"未来"，未来存在于过去与现在的延长线上。路易斯·康（Louis Kahn）认为"未来"要来自"融化"的"过去"[7]，它并不是臆想出来的空中楼阁，而是基于本地的过去与当下而创造出的未来，那个未来，其实是可以触摸的。当建筑师在"造梦"的时候，必然要有对现在的思考和对过去的继承，传统与需求以及趋势的叠加就是未来。

郊野是自然的存在，如何从自然中生发找到规矩，形成方圆，是在郊野中塑造"城市山林"的关键。合理的规划中，社区的公共配套可以承载大多数现代都市行为需求，进而传统中式布局的"有机性"即得以实现，私家院落空间就可以缩减并变得自由和放松，使东方人尊崇自然与氛围的设计哲学得以最大限度发挥，既能在郊野环境中顺应客观的自然条件，又能依托人工手段有预设性地在规划上进行处理，从而避免过于追求效率的"强排式"社区，以更多人文的痕迹和书写原则，呈现传统诗画中的意境。

当郊野纳入了城市化的进程，社会需要更多有情怀的建造者。不仅仅是建筑师需要做大量的工作，还包括政府部门、开发商和民众。中国人过去、现在、未来的生活方式会有哪些改变，什么是适合当代的继承，什么是未来的可行，需要所有人去大胆地构思与探索。

正如建筑师们所言："这种'造梦'的合理性体现在与当代生活相关的方方面面。它不拘泥于样式，无所谓主义，我们只是寻求一种宜人的体验与共鸣。"

杭州"春风长乐"实景

对话建筑师
Designer Talk

受访人：陆皓、何兼、何峻、
田钰、张晓晓、陈斌鑫、
袁源、张迅、梁卓敏

Q1: 说起传统文化的复兴，在建筑领域的一个"化学反应"就是大量"中式社区"的建造，首先想了解一下您是以怎样一种心态去面对这项工作的？

建筑的创新一定是在继承中去做创新，同时真正地研究中国人过去、现在和未来生活方式的改变，从这些切实的角度去认清楚什么是传统、什么是习惯，然后能够大胆地去构思或者探索真正适合中国人的产品。国家层面也在近几年反复提到文化自信、文化复兴、文化创新的关系，对我们建筑界也是一个启示。

说起中国式的住宅，它是两层意思，一是适合中国人的生活习惯，二是本身有很多值得延续的优点。这个情形里面，建筑师的大量工作可以说集中在两极：一极是要真正了解传统的东西，要原汁原味去复原或者保存它，像考古一样地去研究传统是什么样子。有很多前辈都在做这类工作，非常有意义。另外一极，就是基于已有的认知，把传统的符号扬弃掉，心怀这个传统，做一个非常当代的东西，但是做完以后，大家认为这是一个与传统密切相关的东西。这个东西其实是建立在你对那些传统辩证地继承的基础上。我们未来的工作愿景最有可能是朝第二个方向去发展。

有一段时间我是有困惑的，为什么要做这种中式？我们是不是应该放眼世界？用国际化的语言做建筑？后来觉得还是让市场去选择到底哪样的房子会被人们喜爱和使用。

Q2：为什么我们会被"中式"感动？您怎么看待这个"中式栖居"的需求和价值？

为什么我们现在会被"中式"感动，因为以前的"西方式"是外国人的东西，跟我完全没有历史关联。中式住宅的前提是在某种程度上符合和延续了中国人的生活体验，有认同感，但是中国的代际变化快，中式也是多解的。我们做每一个项目，尺度和调性都不太一样。项目的气质不同，成本特点客户群不一样，会有不同的解题方式。如果从学科上归纳或者总结，我们这代人在这个市场环境下做出来的东西算"现代中式"，那就算吧，我就认，毕竟不能脱离这个时代的选择，这是我们这代人必须经历的人生阶段。

建筑符号是历史和社会的选择，我希望我们设计的房子老百姓真的喜欢，能够让他们真正地享受生活。比如我们现在很多小面积的中式合院，没有觉得"中式"是个负担，也许以后我对符号的纯正程度要求没有那么高，只要精致，空间的尺度舒服，不要出现压迫感或不稳定感。

Q3：中式社区也时常面临各种"过不过时"的质疑，您怎么看待这个矛盾？

我认为中式的需求会一直存在，只是会不断适应时代的需求和发展。

客观地说，我们讨论"中式"应该叫"中国宜居式"，关键点是宜居，住在里面的人身心是舒适的，体验是当代的。我们一直在强调，虽然是形式上或者感觉上它有中式的元素，但它一定是现代的。

其实不仅仅是建筑语言，应该是完整的经济文化的映射。它存在的基础是中国当代的生活方式、空间观念，跟西方还是有很大不同的。

我认为它是一个过程，也许国家再强大就无需形式上刻意强调自己民族的东西，有的时候我自己也在想，也许走到一定阶段之后，我们中国的建筑师可以不再那么关注西方，而只是观望一下。

Q4：但是现在很多中式社区看上去都差不多，趋同明显，如何看待未来中式社区的形式发展方向？

我们现在做中式项目的时候有一个共识：中国的民居样本其实有很多，比如山西大院、北方四合院、川式民居、福建土楼、贵州的民居以及一些具有民族特色的民居建筑……非常非常多。其中有很多营养可以吸收，并不只有江南园林。我们国家拥有悠长的历史和博大精深的文化，值得挖掘。我们自己对中国传统的认知在某个历史阶段被丢掉了，现在有更多书籍开始关注乡土或者测绘中国传统建筑，而且老百姓开始认同中国传统价值，去旅游、去拍照，不认为这是一个包袱。我认为，我们这一代建筑师应该有历史职责和历史义务重新关注和传承，该做就做。

实践案例
Excellent Practices

Shanghai
Tao Hua Yuan

*上海桃花源 ***

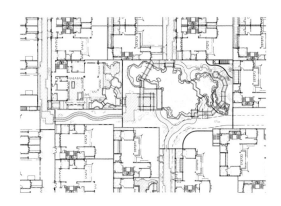

所在地址：上海市
建筑面积：177800m²
设计周期：2016 — 2019

　　项目基地位于上海郊区，设计以"园林中的住宅、住宅中的园林"为特色，采用明清江南园林风格，通过规划、建筑、景观的全维度设计，在上海这座繁华都市营造了一片意韵经典、风格纯正的高端传统中式合院住宅群。

　　7号、8号地块周界方正规整，周边多为待开发地块。由于业主对容积率的极致追求，建筑以行列式满铺基地。如何在高密度和相对高容积率的前提下，取得传统园林"疏密得宜，曲折尽致，眼前有景"的效果，是设计的主要目的。

项目分多块用地开发，本文所涉数据及内容为上海桃花源7号、8号地块设计信息。

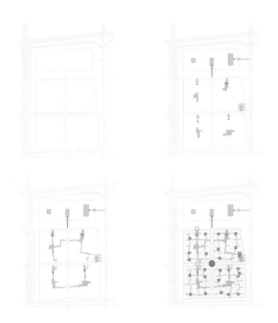

规划原则：
四城十六巷而百户

　　设计将基地以十字形道路分割为四个地块，各地块分设主入口，南北门头相对，入口广场气象森然宛如四座城池，以此手法将社区内部环境与周边杂乱的待开发地带自然疏离。

　　主景观带以"庭院＋水巷"为母题，再将四城分十六坊，呈环状串联各地块主入口和中心庭院，构成园林化的街巷漫步系统。各坊内又设组团庭院，公共空间丰富，巷道曲折幽深，谓之"由四城十六巷而百户"，规划结构层次清晰，秩序井然。

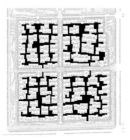 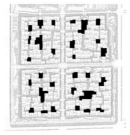

曲折有致的街巷；
共享、形态多元的中心花
园；丰富近便、适用的邻里
空间

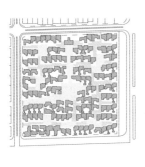 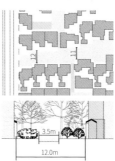

尺度舒适的花园空间；
具有景观余地的水街空间

安定的组团围合空间

　　基地被围墙、建筑、水体分成互相隔绝的众多住宅单元。由入口始，需穿越重重庭院序列，通过曲折的街巷围墙，抵达小径分叉的花园——在单个住宅本身尺度有限的前提下，加强空间纵深感，达成深宅大院的空间体验。

　　在保障私密性的前提下，建筑立面进行虚化处理，运用降低围墙高度，点缀漏窗门洞等手法使景观渗透，强化空间开阔感。白墙映衬下，建筑细部、植物线条、水系景观构成园区整体浓郁的传统氛围。

Nanjing
Tao Hua Yuan

南京桃花源

所在地址：江苏省南京市
建筑面积：153000m²
设计周期：2014 年至今

　　南京绿城桃花源坐落于南京市江宁区汤山旅游风景区，原为 20 世纪 20 年代的国民党军官俱乐部所在地。该项目以"城市山林"为愿景，希望将城市居住生活与自然环境完美结合于设计之中。

　　"城市山林"一词出自明代计成《园冶》一书，意旨传统中国文人试图在城市居所中卧游山水的营造观念，而在今天，这一理念融合了生态可持续的城市发展愿景，承载了更多设计价值。

　　在南京桃花源的整体规划设计和营造过程中，设计师强调对人、建筑、原生植被进行精心组织，有机布局，力求最大程度保护山林和原始生态。

● 重点树木定位保留　　● 规划林木修复区域　　● 规划后水体

规划概念图

原始树木分布

原始水域

在设计观念上，建筑师从"城市山林"和"顺其自然"的营造观念出发，强调护林先于建造，通过护林 - 修山 - 理水三项举措综合运用，将对自然的破坏降至最低。

护林：对现场树干直径 250mm 以上的大树进行了编号并逐一定位，筛选出长势良好、品相端正的树木进行严格保护。

修山：在保留树木、维持重点区域标高不变的基础上对用地进行了竖向设计梳理。

理水：对现状水域进行了重组和增加，使场地内水系形成有联系的整体。

　　南京桃花源的木作、瓦作、石作均采用传统苏式园林做法，
部分装饰细节在传统纹样基础上进行了重新设计。经过长达五年
的设计打磨展现出"身在城中，居于山林"的理想氛围，被公认
是将中式居住体验与自然环境成功结合的经典作品之一。

04

裂变的密度

Density in Change

提高土地利用率
To Improve the Land Utilization Rate

在全球化和超速城市化的语境下讨论"中国式"居住，是当代建筑师不可回避的思考。为什么都市中心区域的中式社区正在变得稀少？当代中式社区的需求正在发生哪些改变？建筑实践必须最大限度地适应当代需求，产生出真正意义上代表时代的中式社区，而对于城市社区的"密度研究"将是解决问题的关键。

目前城市中心区新建社区容积率普遍在 2.0~3.0 的密度状态（未来可能继续升高），即使是以高品质、郊区化为标签的中式社区，经过多轮研发与迭代，容积率已经从最初的 0.2~0.5 上升至 1.0，并且依然面临城市化的挑战。随着城市居民生活水平的提高，有情怀的社区环境成为当代人的需求。中式社区户均面积的缩小和多种面积区间的组合，为更多城市居民提供了多样化选择的途径。

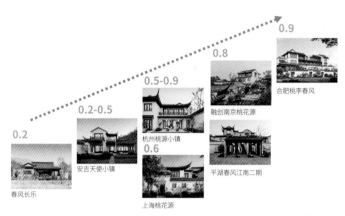

0.9
合肥桃李春风

0.8
融创南京桃花源

0.5-0.9
杭州桃源小镇

0.6
上海桃花源

平湖春风江南二期

0.2-0.5
安吉天使小镇

0.2
春风长乐

容积率迭代典型案例

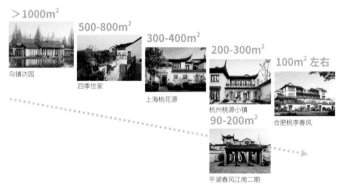

>1000m²
乌镇达园

500-800m²
四季世家

300-400m²
上海桃花源

200-300m²
杭州桃源小镇

90-200m²
平湖春风江南二期

100m² 左右
合肥桃李春风

面积迭代典型案例

Contradiction and Solution 「

矛盾与出路

传统中式合院类住宅（指多个家庭户型单元共同分割一个小型院落的住宅模式）通常为水平向展开，以 1～2 层体量为主，虽然创造了舒适的居住体验，但属于开发强度较低的类型。提高土地使用率是城市化的必然需求，由此带来的矛盾就在于中式风情与高密度的平衡。例如，平湖春风江南二期，政府要求该地块必须达到 1.0 的容积率，而传统合院式住宅基础容积率只有 0.3，存在 3 倍的差距，也就是说建筑面积需要在普通合院住宅的基础上增加 50% 以上。这个任务怎么完成呢？中式社区的密度上限在哪里？或许在一个适当的密度范畴内（容积率在 1.0~1.5 之间），解决具有中国文化格调的社区规划才是"中式社区"唯一的出路。

院落是中式居住的核心，它实现了建筑室内与室外、人文与自然的融合。同时一栋栋合院建筑毗邻而建，它们的外部界面——立面、围墙、门头和坊门等又围合出了公共的街巷空间，形成了邻里交往的重要场所。但是，庭院的存在直接导致了户均面积较大，产品类型相对单一的问题。将居住面积缩小后院落很难同比例减小，进而导致房子面积越来越小，土地坪效越来越低。这些都不符合现代地产开发的规律。那么究竟是什么要素在规划上限定和引导了社区的密度？对于中式社区而言，这个要素毫无疑问仍然是"院落"。

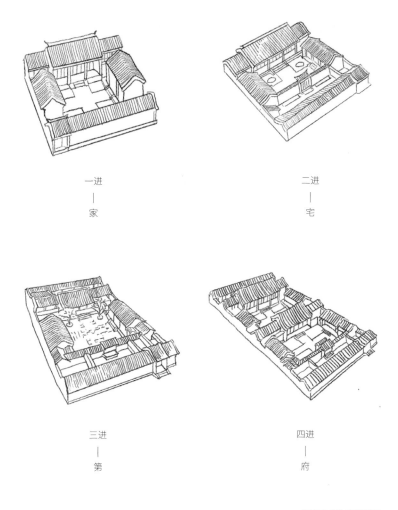

一进
—
家

二进
—
宅

三进
—
第

四进
—
府

传统中式合院类型图

Attempt and Breakthrough

尝试与突破

在户型组合的产品格局上，院落空间立体化组织是解决问题的突破点。组团外围以传统两层合院为主，组团中部布置创新型 3 层双拼叠院①住宅，形成梯形的纵向递减。外围合院保持原有街巷尺度，中间叠院提高了土地利用率并产生了多种面积与组合的住宅类型。倒"T"字形剖面的规划布局是对密度与风貌兼顾的有效解决办法。叠院住宅拥有多进院，二、三层通过退台形成小庭院，户型面积最小可以做到 89m²，整个空间组合层层向上，形成了一个丰富的产品系，为多种居住需求提供了可能性。

低密度的外围合院可以更深入地向土地延伸，把围墙打开，利用灰空间，把室内的一些功能拓展到室外，拉长空间体验序列，形成"院子 - 灰空间 - 菜园 - 外田"的自然衔接。高密度的中间叠院在建筑形体上呈梯形退台处理，将较低的建筑体量靠近街巷，三层主体量后退，所以沿街巷，在人的视点基本看不到三层部分，避免形成压迫感。局部有些小的构造要素，尝试穿插到公共街巷以获得更丰富的视觉效果和空间暗示。

①创新型 3 层双拼叠院，也称叠院，由 goa 大象设计在"平湖春风江南"项目中首创，该空间类型在极大提升土地利用率的同时，提供舒适、人性化的垂直庭院体验，已获国家专利认证。

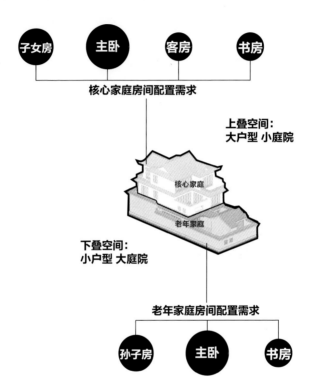

平湖春风江南二期叠院概念示意

Efficiency and Experience

效率与体验

在同等的土地资源里，相对于只有1～2层的中式合院住宅，3层双拼中式叠院创造了更大的居住容量。同时，将中式合院住宅的核心空间——"带自然景观的庭院"保留在每一户的日常生活里。不仅使得下叠住户拥有等同于独栋独户合院[②]住宅的多院落空间体验，上叠住户也享有大尺度、带自然景观的主庭院空间和多个露台空间。

3层双拼中式叠院北面设上叠两户共用的电梯，从一层到二层，方便老人和小孩上下行，同时设爬山廊和三开间将军门头，使上叠住户也可以直接从街巷通过半室外空间到达入户空间，延续独栋独户中式合院的入户体验。两套合院的上下叠加，相对于在地面水平展开的两套合院，亦大大减少了基础和屋顶的建造成本，建造与使用效率大大提高。

②合院：一种内院式住宅，其特点是庭院周围建有房屋，并将庭院围起，常见有二合院、三合院、四合院等类型。目前的中式合院类居住产品基本在延续传统合院形式的基础上再进行创新。

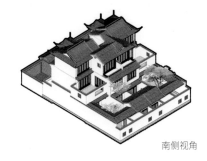

南侧视角

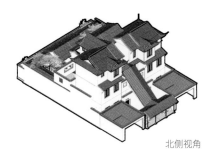

北侧视角

叠院典型户型示意图
上叠 109m², 北入, 2+1 房
下叠 140m², 北入, 3 房

对话建筑师
Designer Talk

受访人：陆皓、陈斌鑫
张晓晓、张迅

Q1: 如何理解大型中式社区、小镇类项目的开发特点带给设计的影响？这些经验应如何化解？

我们的项目主要在房产领域，规模都比较大，往往是建筑集群，最大的挑战不是单栋建筑的表现力或复杂功能的解决，而是对城市区域或是建筑群这样一个序列化集群空间的整体表达。

我们的建筑大多不是纪念碑似的东西，不是刺激感官的一个单独空间，而是序列集合，多场景的组合。如果建筑师没有序列化的考虑，只强调某一点导致空间的断裂和杂乱，这样的设计对我们的项目来说就是不完整的。我们也特别关注室内、景观、灯光等相关设计的语言统一和完整，通过整合优秀的其他专业设计师力争全面控制项目的品质。在目前国内建筑行业配套水平和工业化水平不高的状况下，我们通过自己的深化设计，尤其是现场样板的打造加强落实设计的各个细节。

Q2: "平湖春风江南"是一个成功的创新型中式社区项目，其中二期的"叠院"还申请了专利。这

个设计创新的机缘在哪里?

商品住宅的设计通常比较模式化,但是就住宅本身而言,似乎可以多一点温情,它可以包容更多一点,好像是一个口袋,把更多的东西装进去。也许这就是做设计时最有意思的地方,我们会愿意给自己"找点茬儿"。"平湖春风江南"一期的容积率在 0.3 ~ 0.4,而二期容积率提到了 1.0,其中有一些客观的机缘,比如一方面政府对土地利用要求更高一点,另一方面开发商和设计师都想让中式院宅的消费门槛更低一点,让土地产出更高、总价更低,更多的人可以享受这种带院子的生活空间。

Q3:在既往经验中,中式社区与高密度之间是否存在天然的矛盾? "叠院"的挑战在哪里?

确实可以这么说,中式与高密度的矛盾是存在的。所以二期"叠院"刚提出来时,并不是所有人都能理解,业主的评价也经历了一个变化过程。记得当时我们先造了一栋叠院样板楼,跟一期的合院隔街相对。刚开始业主很开心,因为叠院的方案把技术性的、政策上的和规划上的问题都解决了。但房子造着造着，在一期合院的对比下，3层叠院的建筑单体就显得很突兀，业主的信心跌到谷底。后来整个样板区慢慢建起来、街巷完整呈现，中式空间的感觉终于真正显现出来，业主的心情一下子又从谷底升到了顶峰。总的来说，恰恰因为叠墅提高了密度，以往很多中式社区缺乏的社区活力一下子被唤醒了。业主后来将我们这个项目称为"最好的街巷"。

Q4："最好的街巷"是怎样实现的？

我认为有两个方面，其一，体量感的消解；其二，界面的丰富性。一期是1～2层的高度，街巷上基本看不到建筑的主体，到了二期，房子变高了，我们把剖面设计为倒"T"字形，所以沿街巷几乎看不到三层，就是说人感知到的周遭界面还是一些小体量，不会直接带来压迫感。为了保持界面丰富，我们在一期特意把围墙高度稍降下来，使檐口略微露出来，而二期的围墙其实比一期略高一些，人从街巷上看两侧，建筑一层的檐口看不到，但是二层的檐口刚好可以露出来，所以它的空间还是很丰富的。同时我们在一层增加了小体量的构件凸到街巷中，结合门廊等元素，整个街巷空间的硬质界面比一期丰富，加上植物等软质界面，更具有层次感。

从剖面上看，叠院比合院复杂很多。合院的上下结构是没有错动的，设备管井也很容易对齐，而叠院是两套不同的房子叠在一起，还有出于私密性而设计的高度控制，所以结构和设备的转换非常多，整个建造过程除了建筑空间上的升级，结构、设备工种也都做了许多尝试与创新。比如，我们发明了一种侧排水的方式，虽然存在各种错位，但是建筑外立面是看不到一根落水管的。

实践案例
Excellent Practices

Pinghu
Spring Breeze

平湖春风江南

所在地址：浙江省嘉兴市
建筑面积：48000m²
设计周期：2016-2020

　　平湖春风江南位于浙江省嘉兴市广陈镇，一期、二期中式合院住宅建设属于平湖春风江南小镇整体规划的一部分。项目一期为 1～2 层中式合院，容积率小于 0.3。二期首川中式 3 层双拼叠院，容积率提升至 1.0，在单位土地面积里让更多的住户享有亲近自然的院落空间。总体布局上，叠院居于地块核心区域，以 2 层为主的中式合院产品布局于地块的外围，与田园相连，一期、二期风貌各具特色而有连续性。

平湖春风江南·一期

一期 25 亩样板区位于基地的北区中部，建筑类型为 1～2 层合院式住宅，共包含 35 户合院农庄，规划总建筑面积约 4447.5m²。

建筑设计以"宅院＋田园"模式为特色，将农业生产、生活、生态与人的乡村居住体验相结合，平面分区明确、院落丰富。项目包含 7 种户型，面积最小户型为 88m²，最大户型为 170m²，每户均与农庄外田相连。

建筑采用传统中式风格，整体色调雅，街巷庭院空间丰富，木作细部考究，建筑立面舒展、精致、质朴。

根据场地自然特征，农庄组团自然机地形成簇群状的新邻里。这种农庄新组团，基本组合单位是院落和街巷，布局自由创造了丰富的公共邻里交往空间，人与人的交往联结更加紧密，人与自然田野的系更加密切。

共 13 户带有附赠外田

景观视线延伸方向

F 户型图

　　F 户型面积为 134.5m^2，北侧、东侧设有侧院，西侧面向外田借景。入户门朝向停车位，以缩短入户距离。内外生活院的休息厅向西延伸，由 1.5m 扩大至 3.4m，休息亭外又增设露天平台，打破建筑与农田彼此孤立的氛围，将外田的景观价值最大化体现。

餐厅的西侧界面打开，由内部向西延展出一片露台，可容纳8~10人用餐。

露台的设置丰富了用餐体验，作为连接餐厅与外田的灰空间，餐厅露台也让组团空间更加丰富。

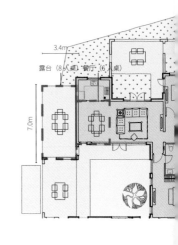

北侧院向北延伸出围墙围合成休息亭，亭子外设置露天平台；东北角增设工作间，并设置户外空间。整个设计使庭院与建筑形成了三条景观轴线，并通过灰空间拉伸轴线的层次。

平湖春风江南·二期

　　二期叠院的设计出发点源于以往中式产品在土地利用及生活空间营造上的不足，它将独栋独户的中式合院上下叠加，形成下叠和上叠户型。下叠户型包括一层和地下一层，延续了独栋合院多院落的空间格局；上叠户型利用体量的缩进，同样具有大尺度的南向景观院落，在土地的利用上较之独栋独户的合院更加集约。

　　更重要的是3层双拼中式叠院旨在将传统合院居住空间的核心——"带自然景观的院落"植入每一家的日常生活空间中，满足人们亲近自然的愿望。再者，通过体量的层层后退，使3层双拼中式叠院所构成的街巷空间仍然具有宜人的尺度，接近传统居住聚落的空间意象。

平湖春风江南二期组团立面图

总平面图

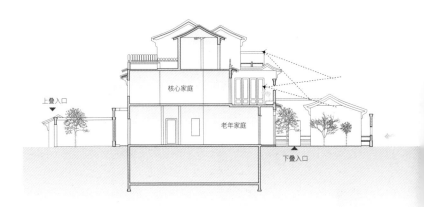

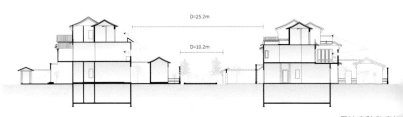

保护庭院私密性

　　上叠主庭院设围墙，使人仿佛置身一层；庭院朝南景窗抬高，避免视线到达下叠庭院。二楼临窗结合内装设固定台面，三楼露台扩大披檐出挑深度。侧院抬高围墙至窗户顶端以便防火和隔绝视线。

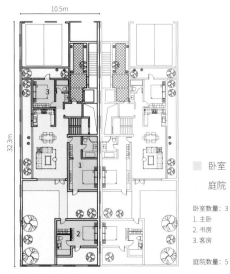

10.5m

32.3m

卧室

庭院

卧室数量：3
1. 主卧
2. 书房
3. 客房

庭院数量：5

下叠老年家庭户型

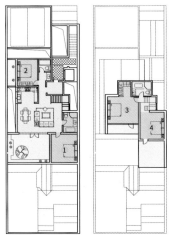

卧室数量：4
1. 主卧
2. 客房
3. 次卧
4. 书房

庭院数量：4

上叠核心家庭户型

下叠庭院

上叠庭院

05

"道"理的升级

Upgrade of "Street"

**交通系统塑造
中式社区骨架**
*Transportation System
Constructs the Skeleton of the
Chinese-style Community*

清明上河图第一段第三章

Modern Demands for Streets and Their Characteristics

现代人的街道需求与特点

从《清明上河图》的繁华街景看来，中国古代，街道除了供人和车马通行而承载交通功能之外，还是商业、市井交流甚至集会的重要场所。现代城市规划系统中，道路起到了骨架的作用，逐渐搭建起不同规模、等级的城市单元。与此同时，道路也成为市政基础设施和城市公共活动空间的重要组成部分。公众对于道路的功能需求越来越多元，城市道路、附属设施和沿线建筑等诸多因素共同构成了完整的街道空间[8]。

现代社会的出行方式可以归纳为：个体机动交通、公共交通以及行人、单车等慢行交通[9]；由此相应的对街道空间的需求包括通达、市政、商业、社交、休闲、景观、风情，这些需求既是功能性的，也是情感性的。从行为方式的原型上看，现代人在街道中的活动需求并没有比中国古代产生太大的变化，复合与多元一直是街道设计的内在逻辑。不同点在于速度与尺度的变化，机动车的普及使道路产生更多分级，并拓展了宽度，减少了街道作为公共活动空间供人停留的可能性，产生疏离感。因此，街道的分级设计以及慢行街道的尺度与节点设计变得尤为重要。

在"城市>街道>巷道>庭院>私宅"的中式社区空间递进关系中，"巷道"和"庭院"的存在，其实是增加了这种关系的丰富性和复杂度，也是对高强度、高节奏、高效率的现代生活的调节和缓冲，从环境心理学上看，它的功效在于"行为健康"和"心理疗愈"。这种复杂而微妙的街巷空间意义，在今日高频出行同时缺乏邻里互动的社会环境中，显得尤为重要。

Construction of Traditional Chinese-style Streets

┐

传统中式街巷营造

中式社区中街道常被叫作"街巷"，"巷"就是慢行与小尺度的空间部分，尤其指代步行这种交通方式。

在西方的古代住宅和现代住宅中，似乎很少出现"巷"的概念，即使有，也是街道在尺度上的变异。而中国文化中的"巷"，与街相比，其实有很大的质地区别，这种区别体现在私有属性的模糊度上面。

在实践项目中，建筑师曾经尝试运用西方总平面的思维方式，在总图上将房子错落，以期获得丰富的街巷体验。而实际情况是，项目建成后，人在街面上主要感知到的只有近人距离的要素。所以，如果房子是错落的而街巷是平直的，人的感觉仍然是呆板的，反之，如果房子是规整的，而对街巷进行一些简单的进退和弯折，则会带来丰富的体验与区块的私密性。基于这个经验，建筑师的思考着重于形成有效的感知而不仅是形制上的延续。

传统中式建筑用绘画的形式表现总图，人们能从中感知到三维的空间关系。除了密度的表达，还有屋顶与墙体的穿插以及街巷的空间。西方的住宅大多直接向街道开设入口，私有空间与公共空间的转换明确。这一点可类比西医，一刀解剖下去，直截了当。而东方的住宅，在私有和公共之间，似乎有着说不完的模糊地带，亦如中医的玄妙，中国画更是山水长卷，层层推进，体现着流动与定格的韵律。巷道的存在模糊了从城市公共属性街区到完全私人化宅院之间的时空过渡。作为线性空间，它符合中国古代园林"移步换景"的运动视角。

　　巷道可能是公共的，因为它不设门禁，相互通达，自由交往；但它又可能是私密的，因为"无关人群"不太可能在这种小尺度的空间出现进而打扰周边住户，更多情况下，这里是邻里熟人的经过场所，相当于"社区朋友圈"的私群属性。在营造巷道的时候，需要关注其提供通行或停留的场景变化，不仅蕴含了丰富的营造手法，街巷生活也暗示着城市生活的"运动影像"，在当代的社区适应性上最鲜明地体现了东方式的邻里关系与私密性的交叠。

15 Principles for Control of Residential Facades and Street Space of GOA

goa 大象设计住宅立面及街巷空间控制原则 15 条

在当代中式的社区营造中，把握街巷的这种模糊性，让它不完全被"流线"效率所替代，是成功的关键。goa 大象设计提出街巷空间的多个控制原则，其实也是在这个认知上的努力。

在街巷的组织上，设计师以 50m 为一个单位，赋予其相同的传统原型作为母题，使房子与房子之间的关联性增强。这样"游戏"就变得简单而自由，放大、缩小、移动、加强，可以转译出无穷多的组合类型，甚至玻璃盒子这种现代要素也可以穿插其中，只要空间构成的调性与房子的层叠关系是不变的，便可带来相辅相成的场景体验。而且，街巷的立面和空间做得自由、放松了，走进去的人也就放松了，在宜人的场所中，你、我之间变得更通达，由此可以激发出更多人的活动和关联。

正如陶渊明在《饮酒二十首》中所表达的生活情趣和审美境界："结庐在人境，而无车马喧。问君何能尔？心远地自偏。"在解决了所谓"调性"问题以后，便是实操中的法则与经验，例如：中式巷道考虑停车吗？中式沿街界面如何处理停车问题才不违和？立面设计中，中式要素如何重复而不显得雷同？如何变化而不显得烦琐？……

阳羡溪山小镇中心步行街效果图

　　从实际功能出发，从宜居与体验的丰富性出发，建筑师结合大量项目实践将住宅区街巷空间的设计总结为 15 条控制原则：

　　1．主次合宜。主街通达但避免贯通，保证安全车速；次街端部设置院落，对外出入口设置于主街。

　　2．次街入户。以次街入户为原则，避免由主街直接入户。

　　3．入户体验。户门避免相对，入户空间放大，通过绿化增加曲折和私密性。

　　4．入户序列。应遵循街巷 - 前院 - 前厅 - 正堂 - 内院 - 菜园的空间序列。

　　5．街巷尺度。社区道路宽度应结合交通组织方式、消防需要以及适度绿化等因素综合设计。

　　6．街巷节点。在街巷转折处或街巷交汇处设大、小村芯，作为绿化景观和公共活动的节点。

　　7．街巷层次。次街通过适当的弯折和尽端花园的处理增加进深和私密性，街巷中的围墙转角通过绿化弱化。

　　8．主次街交汇处。主、次街巷交叉口过密处适当放宽，形成类似村口空间。

　　9．坊门布置。宜设在主次街入户组团、次街尽端位置，保证主街空间连续。

　　10．交叉口处理。避免十字交叉路口，"丁"字路口不能正对户门，且空间适当放大形成对景。

　　11．丰富界面。不能连续出现相同的三个屋顶，相同样式门头避免临近。

　　12．二层布置。二层的户型应安排在视觉尽端，使层次错落，避免直上直下。

　　13．街巷景观。街巷的尽端不能出现单调的白墙，可设尽端院，增加街巷空间层次。街巷对景处不设停车位。

　　14．停车体验。同一街巷上的各户，车停轨迹不能完全相同。

　　15．停车布置。垂直停车位不要正对街巷对面的户门，避免 3 个以上并置。侧方停车位避免 3 个以上连续排布，且应与围墙留出绿化间距。

宏村入户路网示意图

由于风水理论中两户门相对为"凶",亦有术语称为"相骂门",所以传统村落住宅入口大多不相对

对话建筑师
Designer Talk

受访人：何峻、张晓晓
张迅、陈斌鑫

Q1：上次的访谈中您曾经谈到，街巷空间是记忆的载体，是大脑的褶皱？

我不知道叫什么，但是大脑皮层没这些褶皱就记不住事，如果现在街巷光溜溜的，那你也记不住发生了什么。街巷是需要提供一些场景感的，最有效的增加场景感的方式就是"增加褶皱"。所以在中式社区的构建中，不要老是盯着房子，街巷空间的处理更重要，它具有公共性、共享性。因为相较于居住空间，公共空间的需求差异更大，类型更多，基于这个问题，我认为设计师着重想的办法不光是在形制上延续，更多是宜人的空间体验如何获得有效感知。

Q2：以您的经验，合院式住宅街巷空间的营造之道是否存在某种策略或者法则？

我们对住宅里面街巷空间的控制原则是很明确的。比如，房子不能重复，要做很多组合。比如，门不能相对；不能 3 个屋顶是一样的；不能有 2 个门口是一样的；不能车停进去轨迹是一样的；不能丁字路口对着一户人家；不能每一个街巷的尽端是一个光秃秃的白墙；主街巷不能入户；直街巷超过多少米应该转一下，偏转的角度不能妨碍车子……我大概拟了几十项做中式街巷的原则。以前做设计都是"排排坐"，现在要"掺着坐"一条一条去对照，包括天际线的层次，二层和一层的位置关系，互相还矛盾的，不对就改，最后调出一个最好的。

Q3：这些原则的有效性如何，是否确实提高了实际居住者的体验和便利？

是的，确实有效。我们对中式合院式住宅的一些认识在项目进行中不断地深化，开始在总图上将房子错落，希望获得丰富的体验，其实这种变化仅仅出现在鸟瞰的视角，而实际情况是项目建成后，人在街面上主要看到的是门头，房子只能看到少部分起翘，影响居住者对街巷感知的只是围墙和门头，所以如果房子是错的而街巷是平直的，人的感觉仍然是呆板的，反之，如果房子是规整的而街巷有一些简单的进退和弯折，则会带来丰富的体验与区块的私密性。这些都是从人的体验出发，这才是一种有效的设计。

Q4：这些策略是来自传统原型的启发，还是一种全然的创新？

自上而下、自下而上两种力量，环境作用于人，人也反作用于环境。当把近人尺度的一些感受，包括传统建筑跟环境的关系、空间尺度的关系，以及材料的明暗关系，还有它的走势，提取出来，变成设计的母题，我发现其实能转译出无穷多的变化。建筑群落之间的互相关联性很强时，你和我之间很容易到达，中间的场所很宜人，能激发很多人的活动。建筑师的一个技巧就是抓住空间构成的一种调性，让它很自由、很放松，走进去的人也就放松了，于是就构成了值得期待的场景。

Q5：除了做合院式的街巷，您还做了好几个中式小镇项目。古街是个有趣的话题。

相对于住宅，我们在做商业建筑的时候有更大的启示。如果谈继承的话，中式空间上的继承远大于符号上的继承。商业建筑自古就有，我们只是照顾了当代人复古的心态，把房子盖得有中式的感觉。从原型上看，中国村落里面会给我们提供很多的素材，支持我们去做这样的东西。空间的类型，可以总结好多原型，比如台、坡、场。当我们用 50m 或者 100m 场景的段落来完成街区场景，实际上就是一种类型学的设计方法：既要是转译它的形制，也要转译城市街巷的空间，我们现在在宜兴试图转译房子群落的山水关系，科学地说就是形成建筑空间的场景体验。

实践案例
Excellent Practices

Yangxian
Xishan

阳羡溪山 *

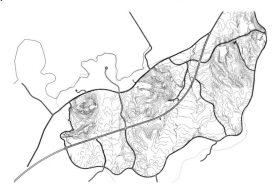

所在地址：江苏省宜兴市
规划建筑面积：500000m²
设计周期：2017 年至今

阳羡溪山是一个综合型的小镇开发项目，基地位于距离中国宜兴市仅 10km 的乡村环境中，总规划面积近 400hm²，具有平原与丘陵交织的地貌特色和丰富的原生植被。该项目由 goa 大象设计整体规划及设计，以因地制宜利用生态资源为原则，未来将建成小镇中心、院落式住宅、多层养老公寓、公共文化设施、商业服务设施等具有丰富功能的综合型小镇，营造融入山水、归于田园的栖居体验。

建筑师以湖岸、溪谷、茶田、花海搭起的地景结构线，串联起一系列功能；山地建筑群遵循丘陵起伏、依坡而建，形成阶梯式的建筑形态，屋顶层层跌落，消解了建筑的体量感；基地内原有的茶田被保留下来并作为功能分区的天然边界，小镇内全域开放的慢行道路系统也均以天然地形骨架作为边界，不设围墙。

项目分多块用地开发，部分设计尚在进行中，故本文所列建筑面积为规划总建筑面积。其中包含两处已完成设计的中住宅社区，建筑面积约 181000m²。

小镇中心实景

　　小镇中心是整个小镇的服务体验核心区，也是与各个板块连接的交通汇集处。区域总建筑面积约 5.8 万 m²，以传统建筑的尺度来拆解会得到 200 ～ 300 个单体，规模堪比一座村庄。建筑师从群体性设计角度展开思考，强调以江南传统村落为原型，构建出多层次的公共空间。在大场景尺度上，以建筑规划布局与自然山水关系的和谐共生为首要原则；在中场景尺度上，强调提取聚落片段，通过简练的建筑组合来形成富于变化的关系；在小场景尺度上，重点关注人的生活轨迹和行为体验。

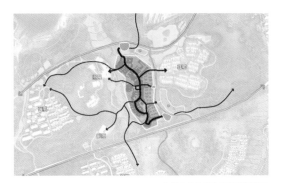

小镇中心与周边区域的联系

道路与体块分析

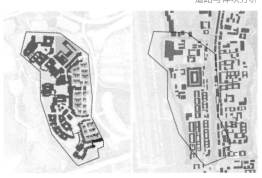

小镇中心与乌镇肌理对比

传统村落老街原型的研究和提取

　　街巷肌理的布局以江南自然村落为原型，延续其传统的尺度特征和色彩关系，同时在营造上融入现代材料和现代工艺，将粉墙、木作、金属、玻璃幕墙有机结合，展现出丰富而统一的整体风貌。

小镇中心商业街实景

06

庭院的潜力

Potential of Courtyards

为中式住宅注入灵魂
Infuse Soul into Chinese-style Residence

中式住宅的核心特质在哪里？直观看，应该是庭院。不论古代还是今日中国，如果不带院落，中式住宅似乎也就不存在了。

其实当我们论及庭院时，往往论及的是"宅"与"院"的关系。中式庭院的"虚"与住宅的"实"是被同等重视的，互为图底，有些时候是为了"虚"去设计"实"，有些时候是为了"实"去构建"虚"。西方庭园与之有着本质的区别，这与东方人（以中国为基础的亚洲文化圈）跟西方人（以欧洲为基础的文化圈）如何看待"小我"与"世界"的差异密切相关。西方哲学强调"二元论"①将精神世界与物质世界完全分开，以一种征服的姿态去对待大自然【10】，其莫大的好处是对未知领域高度理性的解析，由此推动科学和工程学的发展。而中国人与大自然的关系从来都是"模糊的"，是世界中有我，我中有世界的辩证关系，互为关照，"天人合一"。这种对自然的尊重与崇拜便形成了山水园林，虽然场地有大小，手段有穷尽，但希望得到的是一个无限的世界。

①二元论：主张世界有意识和物质两个独立本原的哲学学说，强调物质和精神是同等公平地存在的。认为世界的本源是意识和物质两个实体。二元论实质上坚持意识离开物质而独立存在。法国哲学家笛卡尔在 17 世纪提出的"心物二元论"，即世界存在着两个实体，一个是只有广延而不能思维的"物质实体"，另一个是只能思维而不具广延的"精神实体"，二者性质完全不同，各自独立存在和发展，谁也不影响和决定谁。

　　中国读书人的思想一直受儒道两家的相互激荡，因此产生了独特的精神文化，道家强调"出世"，以无为与自然为主旨，与园林之关系较为直接，而儒家重"入世"，以理论与为人之道为主旨，与建筑之关系较为直接。[11]

　　如此中国士大夫阶层便产生了微妙的世界观，时刻徘徊在出世与入世之间，作为中国园林代表的士大夫园林往往是宅与院的并置，或者说园林是宅院的一部分。制式严整的住宅部分代表入世的理念，有轴线、有空间的主次关系，一个转身便又可进入巧妙设置的园林空间，会友、喝酒、听戏，作诗、游憩，每天在自然山水中穿行，思考他与自然的、与世界的关系，园林成为主人向往"出世"的内心写照。

　　当代中式社区中，庭院既可以理解为园林的现实缩影，也不妨指向为居住空间重要的精神内核。庭院是私人空间的最后一道屏障，古代生活中，庭院承载了很多现代生活所没有的仪式和功能，例如习武、消防、储藏、厕卫、祭拜等，而当代社区的私人庭院，同样也演化出一些古代不曾有过的功能，例如停车、直播、沙龙、亲子等。

　　在古今情境的转译之中，我们可以进行假设和推论：但凡对中式住宅情有独钟的生活家，一定是向往庭院生活的丰富园景与无限可能。

The Rise of Micro-Garden

⌐

微园林的兴起

中产阶级的崛起，意味着更多人希望获得庭院中有情趣的生活体验。高密度的城市化进程也对庭院的尺度提出了要求，"微园林"的概念应运而生，于是出现了 80m^2、100m^2 的庭院式住宅。其实在东亚文化里，"小园"的经营由来已久，从唐代杜牧的"盆池"到日本的"平庭"②，"意"达先于"形"到。[12] 小中见大始终是中式庭院的重要手法。从实用主义的角度出发，当代宅院的设计可以是传统建筑与园林原型的转译或者附会，关注单体的室内外关系、关注灰空间的渗透性。正如中国人讲究的饮茶，不光指饮用这件事的本身，还需要杯子、茶具、茶道等一整套工具与仪式感来增强体验的"非直接性"。

goa 的做法是，首先利用"通透性"产生"宽敞感"。在满足风情的前提下尽量开大窗，使户外活动平台适当拓展，减少甚至取消部分檐柱，进而增强视线的连通性和室内外的连续性，利用灰空间营造大院落的体验；其次，增强体系的秩序感和渗透性。将室内重点空间与平台、院落形成多点的空间序列。建立真实的空间模型，实现精准化，控制每一个节点的尺度与细节，获得环境景深；再次，巧于因借，私家院落的领域感并不等于完全封闭，可以通过景观要素来实现与公共空间的融合通达，获得"偷他一片天"的视觉效果。

日本平庭

---

②平庭: 又称坪庭, 平庭写意式枯山水。日本庭园的一种格局。地势平缓, 规模较小, 一般不筑土山, 仅置石组, 常有一弯清水流 淌, 几丛修剪的植株, 配以园路, 简洁明朗。按主要敷材的不同而有石庭、砂庭、芝庭、苔庭等。

Multi-Level Courtyard Relationship

多层次的庭院关系

中式社区营造中，私人庭院的存在并非意味着公共院落的消失，正如巷道空间不完全是公共属性，庭院也未必完全是私有属性。

中国古代的家宅内部庭院，在白天时常院门半开，使得住宅与环境之间产生了含蓄而有分寸的微妙联系。我们一直强调中式住宅的封闭特质和内向特征，但古今观察，它们依然有开敞的一面。这种关系可以延续到当代的中式社区之中，未来中式住宅的密度可能更高，庭院的具体尺度可能更小，甚至更多合院、半公共的院落。如何让院子的感觉更出彩，其实需要界定出一种外向性，让房子的主人可以适当控制外部人群对院子的观看，为空间的通畅留一些"余地"，留有余地是中国传统的哲学，在现代中式住宅中，也指代留一些模糊的空间关系，有利于邻里、访客、社群的幸福感。

由于现代社区的开发规模远远大于传统原型，更具挑战的工作是如何保持积极的组合关系，同时避免雷同和刻板，实现院中有院、搭接嵌套，构成丰富的生活图景。

中式社区的关键不仅仅在于单体的推敲，庭院的多重组织与分级，形成整个建筑的群体性，是获得无穷发展潜力的关键。建筑师把眼睛从一个院落或者几组院落放大到一个群落上面，传统中式布局，单体之间的关联性很强，彼此很容易到达，宜人的公共场所可以激发更多的社会交往，对这种公共空间的转译，可能是 100 栋房子构成的群体场景。每一个单体都是一个小的处理器，小的生活单元，当这些单元聚集到一定程度的时候，总体会出现一种普遍的规律性。似乎与每一个小单元有相同的基因，但又组合出一个更大更有趣的群落系统。

比较典型的案例是富春玫瑰园的四合院、六合院组团，其实是一个中式园林套着一个中式的四合院组合，私人住宅与公共环境之间产生了含蓄而有分寸的微妙变化。再比如阳羡溪山项目中参照苏州的意向，采取了一个园子套着一个小街区的感觉，实现了园林和居住的小街坊套叠的状态，共同形成一个多层级的园林组团。

富春玫瑰园庭院实景

对话建筑师
Designer Talk

受访人：何兼、张迅、
陈斌鑫、张晓晓

Q1：为什么您觉得中式社区的核心在于"院子"？

庭院是一个提供更多活动可能性的空间，让家庭生活更有活力。《建筑的永恒之道》中提到关于空间设计对行为的诱导问题，认为空间中行为应该通过暗示来达成，而不是通过规定。其中提到的好建筑的几个标准很有意思，比如说院子里面应该铺上碎石，有客人来的时候你提前就可以听到声音而不用等到他敲门；厨房的窗户应该对着院子，当你在厨房做饭的时候可以直接看到访客的到来。再比如客厅最好不要是完整的方形，客厅旁边应该有凹室，能让你静心做事情的正是这些凹室，但是厅是凹室的前提……诸如这些和中国园林其实有很大的契合度，苏州园林里面大量的空间是不可达的，假山并不是让人往上爬的，水也不是为了让人游泳的，狭窄的连廊也不是让人驻足的，真正让人可以停留的是面对假山和水的堂、楼、榭。中国园林就是在一块场地里面最大的部分做了没有实际用途的园，但是因为有了园的存在，你坐在任何一个小空间里面都有一个很大的可以看的对象。

我觉得对院子的喜好可能是基因决定的，因为我们爱自然。在院子里你能看到植物的生长、枯荣。阳光、空气、水，都是你家的一部分。这是我觉得庭院一直有生命力的一个原因，我们一直说眼睛是心灵的窗户，庭院应该就是宅子的眼睛吧。往深里去挖掘，我的理解是这个跟东方人（或者说中国人）与西方人怎么去看待小我和世界的关系有关。中国人跟大自然的关系，从来都是你中有我，我中有你，互为关照，这么一个辩证的关系，也就是天人合一。园林其实很反映东方的哲学观。其实家里哪有大山大水，却非要造一个这样的山水，虽然手段有穷尽，但是想要表达的意韵是无限的。每天可以看到自然山水，在里面走动的时候移步换景，思考自己跟自然、跟世界的关系。

Q2：当代的中式庭院跟传统江南园林里的庭院肯定不一样，设计中需要哪些调整和改变？

即使受到用地的限制，我们也希望更多的人享有庭院生活。中式合院式住宅面积可以做得很小，

80m² 和 100m² 的房子我们都做了院子，我们现在的院子其实是一个"微园"，考验我们如何把院子做得精巧合宜。中国古村落里这种小院落很常见，我觉得整个东亚文化里面，都有这个室内外空间的延续问题。像日本，它叫"平庭"。

其实庭院的大小是由人的尺度决定的，这是个很微妙的东西。虽然现代城市是人类跟机器共存的一个空间，但是人居住的最舒适空间，仍然是以身体尺度来度量的。

我们把剩下的土地集中到一个更可以用起来的地方。在哪里更用得起来呢？组团里的公共节点，或者整个园区有一个大的会所庭院。它们把园林的意象更好地诠释出来，满足更多人的不同使用需求，这样便形成一个不同层级的庭院体系。

Q3: 中式庭院的核心特质是小中见大，真的"见大"了么？

从主观感受上说，的确是"见大了"。

从空间上，利用通透性产生了宽敞感。从技术上看，滴水线到哪里，活动平台就会扩展到哪里，在一些典型户型里，把室外的柱子也取消掉，灰空间和院子是完全融合的。它能满足室内空间的延伸体验，对景、借景、通风、私密等。

从使用上看，庭院中的生活越丰富，也越"见大"。在目前的开发模式下，每一寸土地都很金贵，所以每拿出来一寸土地做成院子，就要让这部分院子发挥它应有甚至额外的作用，对室内的生活有所补足。

杭州桃源小镇庭院空间实景

实践案例
Excellent Practices

Shengzhou Yue Opera Town

嵊州越剧小镇 *

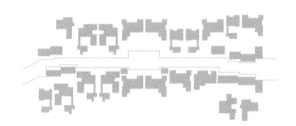

所在地址：浙江省嵊州市
建筑面积：7000m²
设计周期：2016 -2018

　　嵊州市位于浙江省东部，是中国传统剧种越剧的发源地。越剧小镇项目基地四面环山，中部较平坦，剡溪自基地中部穿流而过，两岸农田为该项目提供了得天独厚的建设和景观资源。

　　项目一期样板区总建筑面积约 7000m²，产品类型为合院农庄，户型研发充分发挥基地资源优势，实现了每一户农庄均附带有毗连的田地和菜园。庭院设计也因地制宜，所有建筑单元都能享受到多层次递进的景观视野。

　　院落呈现多层次递进，按照入户院—生活主院—菜园—外田贯穿起居空间，带有商铺的户型还附有商业辅院。可变户型的研发是为了在一个形态内呈现两种空间使用状态，以应对街区多种业态的可能性。

项目分多块用地开发，本文所涉数据及内容为嵊州越剧小镇一期设计信息。

概念设计总图

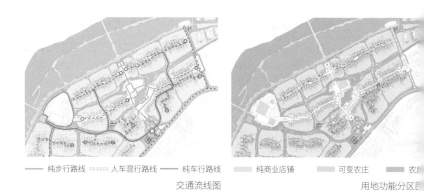

—— 纯步行路线　⋯⋯⋯ 人车混行路线　—— 纯车行路线　░░ 纯商业店铺　▨ 可变农庄　▨ 农

交通流线图　　　　　　　　　　　　　　　　　　　　　　用地功能分区图

农庄单元空间示意图

南面临外田立面

北面临外田立面

文旅主题生活街

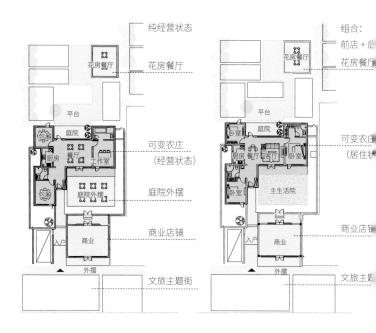

纯经营状态

花房餐厅

可变农庄
（经营状态）

庭院外摆

商业店铺

文旅主题街

组合：
前店＋后
花房餐厅

可变农庄
（居住状

商业店铺

文旅主题街

前店后宅式单元

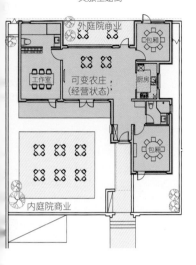

文旅主题街

外庭院商业

工作室

可变农庄
（经营状态）

厨房

包厢

包厢

内庭院商业

经营状态

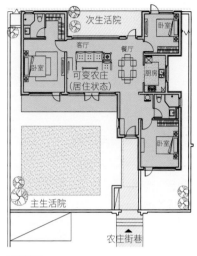

次生活院

卧室

客厅

餐厅

卧室

可变农庄
（居住状态）

厨房

卧室

主生活院

农庄街巷

居住状态

可变农庄单元

典型农庄组团

在项目中，建筑生活庭院与外围菜园之间建立视觉和体验的新联系，户型设计依据不同朝向的特点展开，如北侧户型，北面房间对私密性要求较低时，取消围墙，建筑主体直接面向菜园；南侧户型的主生活庭院面向菜园时，院墙增大开口，建立内、外院落的联系。从建筑主体通向花房的路径上设置连廊，使院内精致的居家生活与院外开阔的田园体验自然贯通，建立起一条舒适、连贯的游"院"路径。

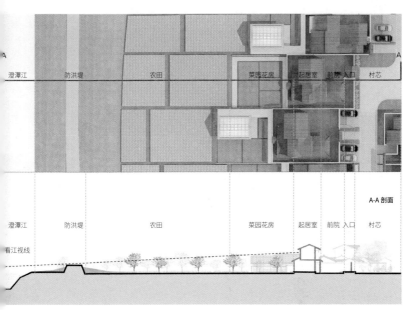

澄潭江　防洪堤　农田　菜田花房　起居室　前院 入口　村芯

A-A 剖面

澄潭江　防洪堤　农田　菜园花房　起居室　前院　入口　村芯

看江视线

典型农庄空间关系示意图

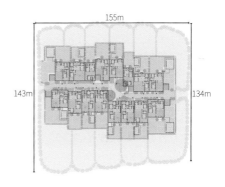

155m

143m　134m

典型农庄组团示意图

07

户型的本质

Essence of House Type

现代生活方式
驱动的空间格局
Spatial Pattern Driven
by Modern Lifestyle

户型的本质就是居住的本质。虽然中式住宅具有一眼辨识的中国传统形式，但其空间容纳的生活行为，已经是 21 世纪的当代样本。对传统的尊重并不意味着我们要重新按照传统方式去生活。中式户型空间与现代生活的适应性，这似乎是一组矛盾，进而也就变成了一个设计中的核心问题。

中国漫长的封建制度对居住产生了严格的限制并逐渐形成标准的合院、厅堂形制。新中国之后，人居建筑本应快速与国际接轨，但因为国家经济条件的限制、政治意识的相对封闭，数十年沿用苏联强调平均主义的住宅制度，在空间设计、设备配置等很多方面整齐划一，缺乏创建。直到改革开放多年以后，社会经济积累，本土市场的需求逐渐显现，1998 年中国商品住宅改革最终激活了居住建筑原本丰富的商品属性。

在过去十几年中，"欧式"住宅（"法式""意式""地中海式"等）轮番登场，堆砌的西方古典主义样式不断冲击着中国人的居住理想和审美。因为需求被压制得过久，国人迫不及待地希望引进各种新鲜的居住体验，与此同时，又在心理上存在着根深蒂固的传统文化牵绊，由此在居住空间上带来了双向的影响，也造就了当代中式住宅在户型和生活空间上的典型特征。在不甚阔绰的面积范畴内，做出具备西方流动空间的现代户型，同时在入口、主卧、院落等核心位置，营造中国社会特有的"含蓄"礼制空间和迂回动线，比如客厅、餐厅的连通设计；比如厨房变得越来越开放，甚至具备了西方式的社交功能；比如入口还是需要一个隐私的玄关，比如院落与客厅的关系需要通透但是又不能完全开放等，尽管这些特征已经不再象征着礼制遵从。

基于 goa 大象设计的经验，当前中式社区主要面向两类需求：以青年家庭核心需求为主的"第一居所"和以中老年家庭颐养需求为主的"第二居所"。第一居所的设计，偏向于大户型、小庭院，青年人外出时间多，居家活动少，兼顾社交会客与子女抚养，常规配置主卧、子女房、客房、书房，适当增强客餐厅的社交性。第二居所，则偏向于小户型、大庭院。中老年人外出时间少，居家活动多，常规配置客餐厅、主卧、孙辈房、书房，重点考虑宜老设计与庭院空间。

Courtyard Value Maximization in House Type Layout

户型布局中的庭院价值最大化

典型传统中式大宅的"户型"空间，比较显性的特征是厅堂和院落形制，隐性特征是封建礼制下的空间级属和嵌套关系。仅从建筑学角度探讨，院落组织是中式传统的精髓，与院落空间相结合的户型设计是当代中式住宅户型设计的重点。

西方人讲"空间流动"，中国人讲"空间连续"，这其中有不同之处也有非常相似的点，就是注重室内外空间的联系。现代中式社区的院落空间做得小而自由，完全依据户型的功能设置，是室内功能的拓展与延伸，以适应变化的现代生活方式。舒适、恰当、尺度合宜的户外空间，可以很好地融合并延展室内功能，扩大空间的体验感。从空间氛围来看，室外空间像是被包裹在建筑中的"孔洞"，带来了无限的可能性。从图底关系来看，室外空间的价值在与居住需求结合使用中实现了价值最大化。

例如，在安吉天使小镇的设计中，典型户型包含 3 个不同功能、大小的院落空间。首先，是一个 60m² 的入户院，然后进入客餐一体化设计的主厅，该院落是客餐厅功能的补充，可以承担室外就餐、聚会等功能，是家庭的核心院落和主要景观担当；其次，老人房自带一个 20m² 的南向小院，与入户院落嵌套，保证老人户外活动的便利性与私密性；再次，半地下室采光天井自然形成一个 8m² 的设备院，解决了储藏等后勤问题。3 个院落顺理成章又相辅相成，与建筑共同承担使用功能。

安吉天使小镇实景

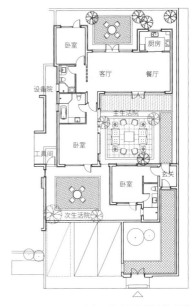

安吉天使小镇典型合院户型

Chinese-style Residences to Meet the Needs for Elderly Care

偏重养老度假需求的 小镇类居所

随着城市化进程和中产阶级的崛起，偏重养老度假的小镇类居所应运而生，其中农庄式的中式社区受到极大的追捧。这类产品最大的特点是庭院面积和功能的放大。基础居室户型的设计，均采用大面宽、小进深的手法，增加室内外的接触面。农庄类居所外围增加了农田和菜园，从入户院到居室，到灰空间、再到院子、到菜园、外田，层次与节点不断在增多，有些项目将围墙也打开，以期跟户外、田野发生更多的关联。追求林语堂先生笔下"水岸有宅，宅中有园，园里有屋，屋中有院，院中有树，树上有天，天上有月"的富足闲雅。

例如，浙江金华的浦江诗画小镇就是"小镇 + 文化 + 农庄"的典型开发模式。浦江是传统的诗画之乡，浦江诗画小镇是对当地传统文化的嫁接和传承。宋卫平先生说，小镇的基底是农业。在浦江，农庄的组成是"中式合院 + 院落 + 菜园 + 果园"。小镇留住了原住民，即延续了生活方式。当地的山居文化被放大，形成了在地性的坡地村落，部分原住民变成了产业工人，协助业主管理农庄，既解决了三农问题也完成了农业升级。农业达到一定的投入产出比例后，农产品盈余可以抵消物业费等税费。居住者既能享受到城市人的生活方式，又能够体验到乡村的景观甚至劳作的快乐。

goa 大象设计的中式社区一直在演进，从上海桃花源到南京桃花源，从富春玫瑰园到云栖桃花源，从嵊州越剧小镇到安吉天使小镇，每一个项目、每一处桃源在继承基础上都延伸出了自己的变化与特点。当代的中式社区已经从粉墙黛瓦走向了山水写意与都市山林，不断在探寻传统与当下相间的质朴浪漫与自在洒脱。

中国人住宅空间的演进历程，与其说是受西方文化、生活的冲击，不如说是全球化与现代化所带来的必然回响和局部反思。经济的全球化，交流的便捷化，现代人的居住方式也进一步趋同化。当代本土文化回归，对居住建筑"在地性"的解读始终是在新时代"宜居"前提下的文化延续。

浦江诗画小镇实景

对话建筑师
Designer Talk

受访人：何兼、张晓晓、
陈斌鑫、张迅

Q1: 谈到居住，"户型"是一个根本的话题。户型的演进与居住的风格样式是不是同步的？

其实我们现在居住的户型，从本质意义上讲都是外来的。现代住宅的平面早期来自西方，受中欧苏联影响很大，然后经过这么多年市场的、社会的发展以及中国本土的需求，逐渐变化适应到了一种相对固化的生活方式，好像是一种习惯。这个习惯还是要被设计师以及大众更多地研究，去突破、去发展。

Q2: 这样说来，中式社区是不是把西方式的户型套在了传统中式建筑的壳子里？

中式合院式住宅的户型设计，我们叫作"以庭院为核心的空间设计"，准确地说，是把传统的元素和现代生活的平面进行了一个叠加。我们对传统的尊重不是意味着要按照传统去生活。我尊重它，或者说它是一个宝库并不意味着要再去重复它。西方人的传统也一样的，会有些仪式性的东西保留下来了，但并不意味着日常生活还是要跟以前一样。

生活还是现代的生活。我们会在现代生活中保留一点有文化特色的仪式感。比方说，现代很多人喜欢喝茶、书法之类，中式住宅需要些这样的空间。

Q3：您做了这么多的住宅项目，户型是不是存在趋同现象，甚至是"拿来主义"？

有些户型经过多年迭代推敲，比较成熟，是受到大众认可并符合当代生活方式和尺度的产品类型，所以没有必要为了改变而改变。

设计过程中，每个项目都有地域性的差异，每块基地都有自身的特殊性，其实每个项目也会出现不同的问题与挑战。例如，天津桃李春风，由于单体计算出来体型系数太大，按照天津的保温规范很多原有户型都不成立了，因此在户型上也做了大调整，减少了形体变化。

中式产品的演变是含蓄的，可能有些外观接近，但其实每一个项目都会再延伸出自己的一些特点。

Q4：养老度假类的小镇类项目也在中式社区中占有很大一块，于是市场上有了"第二居所"的说法。您怎么看这个"第一居所"和"第二居所"在居住单元上的差异？

城市生活给了我们太多的限制，大家都想到田野中去，享受更广阔的自然。真的到了农村，又会觉得各种设施跟不上。于是享受城市便利的同时又能享受乡村野趣的小镇类项目应运而生。从户型和空间上看，这类项目还是很城市化的，只是用地不再那么紧张，庭院生活适当扩大了。

比如，平湖春风江南一期，我们做的事情主要是把室内的功能拓展到外面去，是"花园"+"菜园"的模式。"花园"是精致的，"菜园"就偏农业了。这个项目的突破是把院子打开，过渡更加自然。最早的做法是院子包围房子，空间层次就到这里为止了，这个项目则是从入户院到生活院、灰空间、再到菜园，甚至可能有些还有外田，序列拉得更长了。

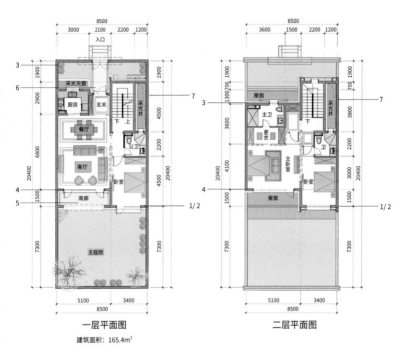

一层平面图

建筑面积：165.4m²

二层平面图

天津桃李春风平面示意图

1. 户型南面尽量拉齐，减少凹凸，减少自遮挡

2. 充分利用南向开间，减少凹槽

3. 在满足北方节能设计的前提下，侧面、北面的开窗控制到最小

4. 结合景观方案和未来的装修布置，将不必要开启扇改为固定扇，有效节省成本

5. 一层灰空间进深尽量控制到最小，减少自遮挡，利于采光

6. 所有户型均保证有玄关设计，解决北方入户后的衣帽问题

7. 受保温层厚度的影响，采光井的尺寸不宜过小

实践案例
Excellent Practices

Town of Angel · Yanxi Lake

安吉天使小镇·砚溪湖

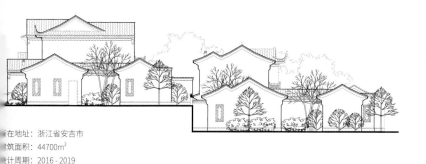

在地址：浙江省安吉市
筑面积：44700m²
计周期：2016 - 2019

    安吉天使小镇位于浙江省湖州市安吉县城东新城，杭长高速以东区域，距安吉城区
km。总规划占地面积约 19.9km²，约 3 万亩，其中建设用地为 2500 亩。项目周边群山环绕，
地内高差丰富，自然环境优越，具有鲜明的山地特色。项目 4 个中式住宅区，分别是位
小镇南部的砚溪湖区域，以及北部的牧云谷、星翠里、合珊景里。

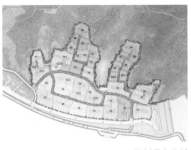

规划竖向分析

中式住宅区位分析

规划结构分析

规划小组团分析

安吉天使小镇砚溪湖地块实景

砚溪湖区域是项目首开区，占地面积近 168100m²（约 251 亩），基地北靠山体，东临禹山坞水库，南侧为禹山坞溪和主要道路，西接天使小镇核心区。用地深入山谷呈手掌状分布。地势东北高、西南低，南北高差约 30m，东西高差约 15m，北侧 4 个陡峭的山谷对区域规划及户型设计产生了直接的影响。

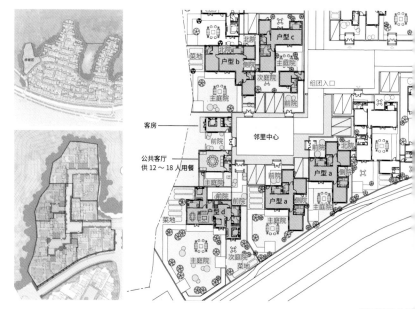

客房

公共客厅
供 12 ～ 18 人用餐

组团院落分析

　　方案根据地势高差通过小区主干道将基地分为南区和北区，根据坡度的不同划分为多个台地，每个台地由多个低层住宅围合形成组团。由于北区坡度较大，上一级台地建筑可以跨越下一级台地屋顶欣赏到远山景观，尽可能做到后排建筑无视线遮挡，站在庭院内可以充分享受远山景观。

　　户型设计强调形成户内外功能和景观的渗透；组团化布局，营造适宜尺度的街巷空间，强化邻里关系，建筑体量、造型、色彩相互协调，确保组团建筑间的连续性与整体性。

生活庭院

82.5 ▽

生活庭院

78.6 ▽

生活庭院

生活庭院

73.5

68.0 ▽

水系步道　　　道路

1.5m 1m 1.5m　　6m　　2.5m

88.6 ▽

山坡

78.6 ▽

拓展庭院　　生活庭院

78.6 ▽

08

愉悦的法则
The Rule of Pleasure

中式度假酒店
Chinese-style Vacation Space

"四季酒店建筑研讨会"一文发表于《UED》054 期

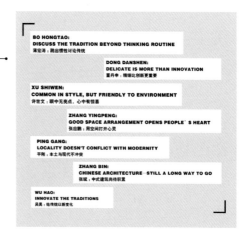

The Charm of Tradition - Four Seasons Hotel at West Lake

传统的魅力 - 西子湖四季酒店

酒店体验是居住体验的延续，但是其中也蕴含着非日常性。"差异化"体现了度假的价值，是功能体验与精神体验的结合，酒店建筑本体的"在地性"与"文化性"是对当代都市生活秩序的冲破与疗愈。度假是时间和空间的消费，同时也是文化的消费，尤其对于以人文历史和风景资源为核心的度假建筑集群，建筑本体的"文化性"需要落实在某种可能被诠释的意向之上。

一座新建的豪华度假酒店在西湖景区中应当如何自处？

杭州西湖不是一张白纸，而是一幅积千年人文历史而成的秀美长卷，人文鼎盛与山水情怀是不可分的斯地风土，在此立身任谁都将经历一番"古"与"今"的权衡，"去"与"留"的考量。所谓自处，或许应该说是"他处"，地理环境是其一，时代背景是其二，其三则是人文环境。goa 的设计师以谦抑的态度，为西湖做了一处审慎的补白，而非独出心裁的自赏小品。[13]

西子湖四季酒店是国内第一个纯正传统中式风格的高端国际酒店，是国际顶级酒店品牌"四季"首次来到西湖，首次选择与中国境内建筑设计机构合作。2010 年，项目落成后掀起了一场关于中式酒店的现象级讨论，相关的项目品谈会进行了多次，有肯定、赞誉也有质疑。

中国建筑近百年绕不开的心结是：如何处理"现代化"与"民族化"的问题。20 世纪 80 年代的争论是——形似还是神似？到近年随着苏州博物馆的落成，又转化成"中而新"还是"新而中"的问题。这个定位真的这么重要么？

"杭州西子湖四季酒店根本上是中国传统建筑的形制，我们所作的努力是使传统建筑适应现代生活的使用，具有新的生命力。"①

西子湖四季酒店最大的创新就在——"忠于纯正"又"不泥古法"。

首先，尺度的转换与衔接，做到了"精在体宜""各臻其妙"【14】。在解决了宴会厅、会议室、餐厅等大体量空间需求后，酒店整体仍能呈现出江南园林的宜人尺度。其次，以工艺的成熟度将中式建筑的品质可靠性大大提高。现代工艺与传统做法结合，通过精细化设计达到极高的完成度。在此之前的中式建筑往往只能成为景区中的点睛之笔，西子湖四季酒店第一次让业主与用户看到，纯正中式风格也可以满足现代高端酒店的品质要求。再次，引入"园中园"的概念，创新提出"立体园林"的概念。将小园跟大园充分结合，包括运用不同标高的庭院，使得西湖边的园林具备了更多元的解读层次和空间意义。

---

①西子湖四季酒店主创建筑师陆皓对于设计理念的阐述。陆皓、柳青．当传统遇上现代，解译东方文化的当代表达 [J]．城市·环境·设计，2017.10.

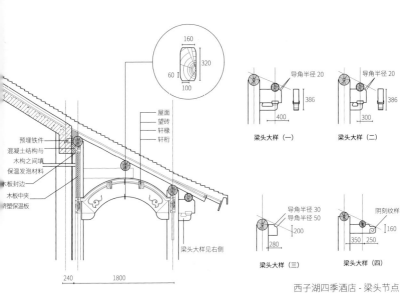

160
320
60 I
100

导角半径 20
386
400

梁头大样（一）

导角半径 20
386
300

梁头大样（二）

屋面
望砖
轩椽
轩桁

预埋铁件
混凝土结构与
木构之间填
保温发泡材料
木板封边
木板中夹
齐塑保温板

梁头大样见右侧

导角半径 30
导角半径 50
200
280

梁头大样（三）

阴刻纹样
160
350　250

梁头大样（四）

240　1800

西子湖四季酒店 - 梁头节点

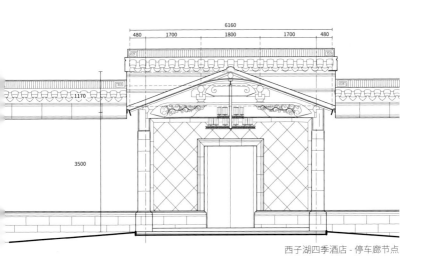

6160
480　1700　1800　1700　480
1170
3500

西子湖四季酒店 - 停车廊节点

Modern Translation - Alila Wuzhen

现代的转译 - 阿丽拉乌镇

提到乌镇，您想到了什么？石拱桥、乌篷船、马头墙，窄街巷？是梦里水乡还是现世桃源？如此强烈的"乌镇性"是素材还是束缚？基地的隐喻似乎注定了项目的传统型，但是设计师明确告诉我们——这是一个现代建筑。是的，阿丽拉乌镇回应了传统的隐喻，进一步超越了这一联想，通过规划、建筑、室内、家具的一体化营造，在21世纪的乌镇塑造了一座今日水乡。

"类型不是指被精确复制或模仿的形象，也不是一种作为原始规则的元素……"类型就是建筑的思想，它最接近建筑的本质。尽管有变化，类型总是把对"情感和理智"的影响作为建筑和城市的法则。【15】

"我们一直认为，类型学跟地域主义和建筑的历史是息息相关的。"②

抽象的迷宫

来源于传统村落肌理的公共性空间，以及公共与私人空间的组织形式作为类型的本源，是重要的研究对象。"迷失感"形成了空间的核心意象。项目最终选择在原始水系北侧重新营造场所，不再将原始水系作为水乡意象的核心。选择从村落巷道中提取原型，在场地内营造3m～5m不同尺度的"水巷"。村芯、水口、巷道、水渠等作为标志性的公共空间元素，延续了传统街巷空间的尺度体系。同时也提取了传统村落多巷道交汇的组团特征，建立起一个风车形的现代网格系统。

稳定与连续

整座酒店的高差控制在极小的范围内，所有室内、室外空间平缓过渡，生硬的边界被消解，稳定感便在连续的游走体验中产生。房子、水系与院墙共同界定出路径，构架出建筑室内与户外空间的转换，人们可在连续的穿行中，不断体验到聚落微妙的疏密、集散和光影变换，而这份慵懒体验恰恰建立在现代主义设计精准的把控之下。

极简与秩序

材料和色彩在这里被极度简化，公区仅保留了白色花岗石与灰色金属瓦。深灰色的金属瓦屋顶在日光下变得浅淡并与建筑融为一体，抽象的几何形体呈现于天空、水面和水杉林之间。夕阳西下屋面的颜色逐渐变深，最终呈现出吴冠中笔下的"江南"。建筑师试图通过这样的方式，将水乡意象从建筑年代、风格等具体的符号中剥离，重新建立一种仅与自然有关的表达秩序。

阿丽拉乌镇试图呈现的，是一座属于现代人的"迷宫"。某种意义上，这更接近于一种对于时间的讨论——在这里，"传统"与"现代"都超越了特定时代风格所给予的定义，而归于抽象的语言。漫步其中所获得的平和与安宁，正是一种回归水乡体验的度假空间探索。

---

②阿丽拉乌镇主创建筑师张迅接受媒体采访时谈及设计思考。

Exploration of Essence - Muh Shoou Xixi

本质的探寻 - 木守西溪

4 栋陈旧的民居和 1 栋空置的新建筑，这就是木守西溪的基地初貌。面对这样一块基地，建筑师说"让自然引导设计"。

何为"木守"？特意留在树上的最后一颗果实。农人将其与自然界和动物分享。柿子树是果树中的寿星，基地内柿子树树龄普遍在 50 ～ 170 岁之间。火柿、方柿是西溪湿地的标志性树种。苦楝是古老的经济树种，全株都可入药，还是做家具和乐器的高级用材，树形潇洒、枝叶秀丽，春天满树都是紫色的花朵，芬芳浪漫。构树在农村广为栽种，一身都是宝，全株都可入药，树皮是造纸的高级原料，最好的宣纸就需要它的韧皮纤维。桑树，作为中国古代标志性的经济树种而闻名于世。中国人在房前屋后栽种桑树梓树，因此常把"桑梓"代表故乡。

香樟、榔榆、乌桕、桂花、碧桃、杨梅、石榴、琵琶、红叶李、早樱、垂柳、鸡爪槭、白玉兰、银杏、栾树、水杉、山茶，以及水生藻类，睡莲、水葫芦、芦苇、茭白、腰菱。这些有故事的树给设计带来了巨大的麻烦，但最终也为建筑带来了生命力和灵魂，成了建筑的伴侣和场所的精灵。

古代文人形容西溪湿地，"冷、静、孤、野、幽"，乍一看没有一个正面的词，却代表了中国审美至高的境界，是"初发芙蓉"比之于"错采镂金"[16]。"自然之美，匠工慎用"，但是，在西溪的"冷调"中，酒店仍然需要满足现代人对舒适的诉求，最终的设计可以说是"冷调"与"暖感"的一种平衡，是在满足功能性的基础上传递出美学的态度。

如何重构风景,为我所用,便是一个策略问题。"编织"——将建筑作为新的元素织入环境,重新构建场所精神,抛弃一切形式语言,追寻传统的质朴本真,假以建筑师深情之手,塑造每个中国人心中的当代园林。形成了尊重自然而不丧失建筑主体性的设计策略。

多轴与长轴

用多轴多中心的构图,充分回应环境因素,形成了多义模糊的空间关系。通过有机组织的长轴线带来设计意图上的控制性,引导流线,平衡构图。

透明与暧昧

柯林·罗指出,"在透明性的空间中,人们可以感受到不同位置空间的同时存在⋯⋯并获得了真正意义上的自由与开放"[17]。中国园林中的透明性有两层含义,物理的透明性和事件的透明性,即是"透明"与"暧昧"的空间布景术,透明性隐含着逻辑的关系与含蓄的提示性,灰空间的存在便是未定义的模糊空间。

文字与意象

野堂、林宴、溪隐、流霞,这些酒店的主要公共空间,都是反映了空间所在场所的环境特质,寄托了场所精神方面的愿景。逍遥游、不系舟、耕云、隐渔、归樵、喜柿、寻菱、访溪,溪隐餐厅的 6 个包厢名字则再现了古代东方隐士在西溪真实具体的生活、生产画面,渔樵耕读、清平和乐,他们在各自的情境中,与溪林从容对饮。

木守西溪以尊重、继承的态度，以当代、简练的手法，以细致、朴素的语言回应西溪的空灵与天真。"情性所至，妙不自寻，遇之自天，泠然希音"。

前文提及的 3 个度假酒店的典型案例，带来 3 套营造中式度假空间的设计法则——直译、转译与意译。

直译：保留江南园林及建筑形制的显性特征，在表象之下，建筑结构、设备管线、建筑表皮等诸多要素，全然采用时代最新的技术手段来实现。一些建筑细节，例如路灯、院墙、窗花等，虽为新作，形制仿古，其目的是直接地塑造古典文化的空间氛围。杭州西子湖四季酒店便是直译的先行者与代表作。

转译：希望用更加现代简洁的建筑语言去传达中式建筑的精神意向。这个手法，严格说是存在"设计风险"的，因为一不小心就可能偏离预设的精准，形态上也可能解读各异，对建筑师的功力要求极高。乌镇阿丽拉，追求现代的模数控制，没有任何仿古细节，但是抽象之后的建筑群落依然准确地传递出乌镇水乡独有的朦胧神韵。

意译：抛弃一切符号在更有精神象征的层面追抵传统的本质。这个法则始终坚持完整的当代性。木守西溪珍视、认知、保持、梳理基地要素，追求空间的"意义传承"更多于"意向传承"，使建筑群落呈现自然流露的古典哲学境界。

木守西溪鸟瞰实景

木守西溪野堂

对话建筑师
Designer Talk

受访人：陆皓、张迅、
张晓晓、蒋嘉菲

Q1:goa 近年来设计了不少高端酒店项目，它们在设计思考上具备哪些共同之处？

无论是早年的杭州西子湖四季酒店，还是近年来的西湖国宾馆和阿丽拉乌镇，我们所做的努力都是希望让传统的建筑语言能够适应现代生活的使用，散发出新的生命力。项目一开始我觉得最重要的两个方面，一个是文化历史，一个是地理位置，无非是从这两个视角进行挖掘，在什么位置，它所占有自然资源的可能性有多少，我们应该以什么样的态度来介入等。事实上，设计不完全是一个理性的推演过程，其中有很多的偶然性。

现在快速的城市化进程让人与自然日渐疏离，那么如何去营造一种独特的体验感，就成为我们去设计酒店建筑的核心。从我的角度来讲，我希望它们是尊重地方文化和自然环境的，是可以为来客营造一种"到达感"与"归属感"的。因此，在设计的时候，我们会充分考虑到项目所在地的历史、景观等各个方面的资源，对当地文化进行深入的解读，再通过设计去放大和强化用地本身的特色，给人一种独特的空间感官体验，最终呈现出新的文化特征，让人记忆深刻。

Q2：谈到中式酒店类项目，杭州西子湖四季酒店应该是里程碑式的第一个。其实我们一直有个疑问，为什么选择做这么纯粹的中式？

当年我参加过西子湖四季酒店的一个研讨会。有很多专家反问："在当下，你还做这么一个古典的东西、复古的东西，有什么意义呢？你看，这么好的环境、这么好的机会、这么好的项目，花那么多钱，为什么要这样去做呢？"

我觉得这是一种肤浅的批判。西子湖四季这个酒店项目其实有很多真正的创新与坚持。董丹申大师当时对这个项目的"立体园林"给出了赞赏。立体园林在中国园林里面并不多见，我们利用了这个下沉庭院，提出了很多空间新意。另外一个，巨大体量的怎么化解，是个很实际的问题。中式的体验中，尺度一旦放大，不是皇宫就是庙，其实整个设计过程中一直会面临这样的问题——如何把大体量的现代需求解决好，又保持园林的散点透视关系，这是很重要的一个课题。这个课题一直延伸到我们后面的中式产品设计中。

所以，西子湖四季酒店这个项目跟我做的所有的中式项目都不一样，乍一看形式是老的，但有很多材料、构造和解决的问题是我们从来没有碰到过的。最终，用纯粹的中式建成了一个能够被很好使用的、高品质的房子，而不是停留在以前的文保维修或者是风景区的建筑点缀。

Q3：对于近来颇受好评的阿丽拉乌镇酒店，您怎么理解场地的"乌镇性"？地域文化特征给了您哪些启发或者是限制？

第一次去基地，大概是在 6 年前。基地上什么也没有，就是一个荒地，有若干个岛，岛上有不少候鸟。我们在概念阶段晃荡了半年左右，偶然在朋友圈看到了江浙沪区域农村的照片，砖的房子、白的墙、黑色的矶子瓦，这个场景打动了我，成为我们的出发点。通过设计手段抽象、强化，突出几何形和抽象性，成了解决问题的方式。我们还做了木落的中心、入口、公共活动场所等建筑安排，与酒店服务结合在一起，形成公共活动的核心区。从某种意义上来说，也许这是一种保留记忆的途径。

乌镇被称作水乡，其实就是房子跟水之间的关系。核心关系是，房子前面是路后面是水，我们把这个关系给抽离出来。虽然阿丽拉酒店跟乌镇景区不一样，但在某一些局部上依然是房子跟水、跟路之间的相似关系，这就是一个类型的变异。类型学跟地域主义与建筑的历史是息息相关的，它强调对于传统结构的抽离。我们在做阿丽拉的时候，用的也是类型学的方法。

但是类型学面临的最大问题是如何最后突破这个类型。在乌镇这个地方，有一种时光倒流的感觉，但这其实不是我们想要的东西，这个东西就像一个舞台布景，它对普通的游客来讲很好，但我们更希望有一个不一样的"惊喜"。

Q4：这种惊喜，是否就是选择非常现代和极简方式的原因？

乌镇有太多的东西都是随意的，我们希望能够做出一种极致的差异化。要把极简的东西做好，一定是每一条线都要受控制的。阿丽拉乌镇就是个现代建筑。它以现代的手法、现代的思维、现代的审美，唤起了你们对乌镇的共鸣。

我们采取了一种丁字形道路的结构，游走的过程中呈现出一种迷宫般的可能性。你今天走的路线可能是这样，明天去相同的地方可能会发现自己走的是另外一条路。这无形中让使用者、让游客有更多探索的欲望。

Q5：在谈到"木守西溪"这个项目时，为什么您多次用到了"编织"这个词？项目与西溪文化的关系如何理解？

"编织"其实有两层意思。第一，就是承认它的存在，保护它的存在。原生环境太好了，想把它留下来。第二，"再好的风景，没有你的陪伴都是残缺的"，纯粹的野外环境是不舒适的，肯定或多或少还是要对环境下手。理论上说，我觉得再弱的建筑，其实也可以有很强的气场暗示。所以，如果是一种握手言和、相得益彰的关系，那岂不是把这个风景变得更好了吗？有了这个态度，就有了"编织"的想法，你中有我，我中有你。这是个最好的愿景。

在杭州，西溪的隐居生活跟西湖的隐居生活应该是很不一样的，西溪的文人隐士参与农业生产，更朴素、更隐居一点。我觉得朴素是很重要的一点，所以最后连装饰体系都不做任何容易辨识的符号。这是一个尝试，把这些东西都去完了以后，再看看是不是能有园林的，或者中式的味道。

Q6：既然在策略上选择返璞归真，那最终还保留了什么？或者说用什么手法才体现出中式的韵味？

空间的逻辑，空间与自然的关系，这些从本质上讲还是中国的，也是我们想要极致追求的东西。对于园林而言，排除掉所有感性的描述，怎么去抓住一个特质变成可操作的建筑方法？我觉得最重要的就是房子跟自然之间互相交融的关系。在西溪，植物先你而存在，柿子树、枫杨都是上百年的，他们是设计的起点。自然植物就在那儿，我希望在行进过程中能看到它们，能够产生视线，或者有参与性。不停改变的轴线，呼应着周边的景观，这种多轴的处理方法就是园林的精髓。

实践案例
Excellent Practices

Four Seasons Hotel Hangzhou at West Lake

杭州西子湖四季酒店

所在地址：浙江省杭州市
建筑面积：43600m²
设计周期：2004 - 2010

杭州西子湖四季酒店设计开始于 2004 年，是国内第一个纯正传统中式风格的高端国际酒店。原址毗邻西湖，有较好的绿化和水系。设计选择将强化西湖"如画"的意境、营造西湖的新风景作为努力的方向，并将发掘景观因素、延续自然意境作为酒店画面的主景和营造的重点，精心思考和设计建筑群整体关系和庭院空间营造。

设计采用传统江南园林风格，将"入口庭院—大堂—泳池—跌水—湖面—别墅区客房—元山"作为酒店的景观主轴。园中山水以原有框架为基础作调整，叠山引水。

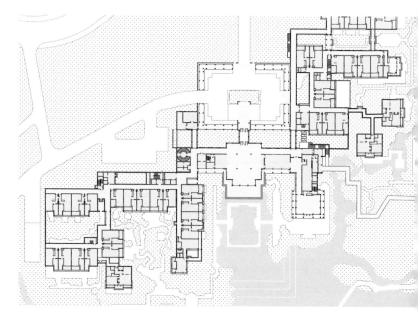

总平面图

　　中式建筑的现代化改造和细节研究，传统建筑由于等级制度的规定和用材的限制，居民即使大户人家开间一般不超过 5 间，尺寸不超过 4.5m，这与现代豪华酒店的使用矛盾很大，客房采用 6.75m，用一面半为一个客房开间，同时立面做分段处理，每一立面主体段不超过 5 间，每个组群设置主体建筑，又将酒店大堂作为整体的主体，使总体布置上主、客有序，也符合了传统建筑的空间秩序。

　　在构造上，木作、瓦作、石作部分基本沿用传统苏式做法，其他装饰细部则重新设计，手法节制，形制简洁，但求意到。

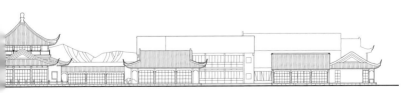

客房部分立面

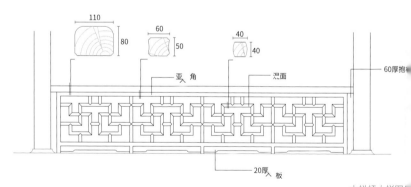

木栏杆大样图纸

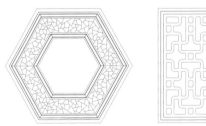

花窗大样图纸

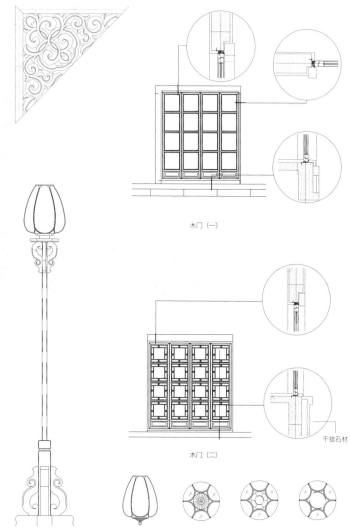

木门（一）

木门（二）

干挂石材

灯具、木门及照壁角饰大样图纸

西子湖四季酒店花窗、角饰及灯具实景

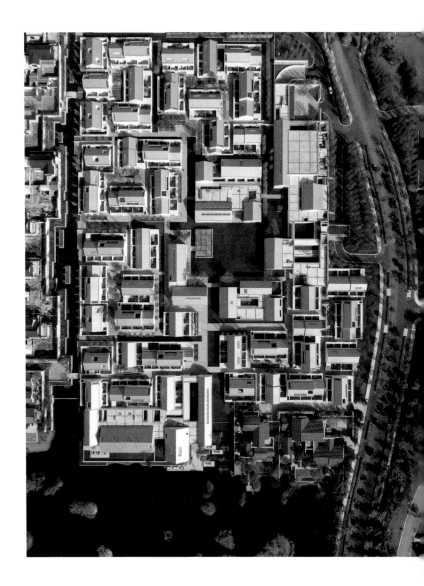

Alila
Wuzhen

阿丽拉乌镇

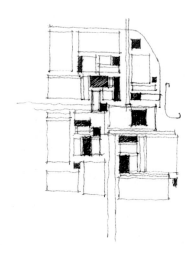

所在地址：浙江省嘉兴市
建筑面积：25000m²
设计周期：2014 - 2018

在人们的印象中，乌镇，是马头墙、石拱桥和乌篷船装点的风情图卷，而阿丽拉乌镇项目试图超越这一联想，在 21 世纪的乌镇塑造一座今日水乡。goa 大象设计通过规划、建筑、室内、家具的一体化营造，实现了表达的统一和完整性。

阿丽拉乌镇项目基地坐落在景区以东约 3km 处。尽管位于水乡，但基地内没有天然水系和植被，仅南侧毗邻一处湿地，东、北两侧紧邻城市干道。对于高端度假酒店而言，这里的景观资源现状并不出众，但却为设计提供了一个更为独立和开放的起点。

酒店的平面布局以传统江南水乡聚落空间为原型，其中传统村落的公共性空间以及公共与私人空间的组织形式是尤为重要的研究对象。本设计提取了村芯、水口、巷道、水景等标志性的公共空间元素，并延续了传统街巷空间的尺度体系。同时，方案也提取了传统村落多巷道交汇的组团特征，建立起一个多等级正交路网系统。整座场地也通过这一网络体系形成了多个均质的公共节点，每个节点既是漫游的休憩处，也成为区域集散、摆渡车站点的空间布局依托，充分适应了现代酒店的需求。

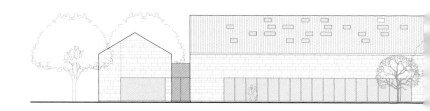

　　方案将南侧的湿地向北引入场地，在场地内营造 3～5m 不同尺度的"水巷"。水巷景观系统同样遵循正交布局结构，与街巷共同构成一座自然的迷宫。水杉作为原生植物被保留下来，搭配香樟等常绿乔木和多种落叶小乔木，形成酒店内全年常绿、四季缤纷的景象。

　　建筑采用简洁的几何轮廓和水平系统的控制线衬托出杉树挺拔的剪影。通过低平的天际线和天空在水中呈现镜像，给人以格外开阔的感受。整座酒店的高差控制在极小的范围内，使所有室内、室外空间能够平缓过渡，稳定感在连续的游走体验中油然而生。

餐厅北立面图

阿丽拉乌镇的建筑仅保留白、灰两种色彩，材质的选择与色彩基于同样的秩序体系，方案选择以光洁的金属和人工处理的石材代替装饰性的面材，最终深灰色铝合金与白色花岗石分别被用作公区的屋顶和墙面用材。

立面的渐变砌法作为一种提示，为连续流动的空间置入细微的变化，其渐变的肌理在砌筑逻辑上与传统的砖砌花格墙吻合，同时也改善了建筑的通风、采光性能，使其能够更好地适应现代居住需求。

09

营造的变革

Change in Construction

中式建筑营造
的关键问题
Key Issues of Chinese
Building Tectonics

　　"营造"是中式社区讨论中不可或缺的话题。1930 年，中国近代建筑史上具有划时代意义的"中国营造学社"[①]成立，在发刊词中朱启钤先生对"营造"做出了这样诠释。

　　"本社命名之初，本拟为中国建筑学社，顾以建筑本身虽为吾人所欲研究者最重要之一端，然若专限于建筑本身，则其全部文化之关系仍不能彰显，故打破此范围，而名以营造学社，则凡属实质的艺术无不包括，由是以言，凡彩绘、雕塑、染织、髹漆、埴，一切考工之事，皆本社所有。"【18】

　　作为营造学社"法式组"组长的梁思成先生，在 1954 年《建筑学报》第一期的发刊词中写道"建筑和语言一样，一个民族总是创造出他们世世代代所喜爱的，因而沿用的惯例，成了法式……"构件与构件之间，构件和它们的加工处理装饰，个别建筑物与建筑物之间，都有一定的处

①中国营造学社：（Society for the Study of Chinese Architecture）中国私人兴办的、研究中国传统营造学的学术团体。学社于 1930 年 2 月在北平正式创立，朱启钤任社长，梁思成、刘敦桢分别担任法式、文献组的主任。学社从事古代建筑实例的调查、研究和测绘，以及文献资料搜集、整理和研究，编辑出版《中国营造学社汇刊》，1946 年停止活动。中国营造学社为中国古代建筑史研究作出重大贡献。

理方法和相互关系，所以我们说它是一种建筑上的"文法"。【19】

21世纪，"中式"的命题被嵌入了中国城市化的宏大叙事之中，从"工艺"到"工业"的巨变势不可挡。青瓦、土墙、木构……所有建筑上的"文法"，全部由新时代的钢筋混凝土、铝合金构件、玻璃等现代化的工业技术和建筑材料构建或取代。然而本质上"营造"二字仍未改变，是包括"构造"（construction），包括"建构"（tectonics），【20】还包括所有与人居生活环境塑造相关的"建造"（build）或者说"创造"（create）。

大规模的社区建造是一个快速高效的过程，我们依然可以做到向古典"文法"的致敬。例如：山墙的坡脊可以用钢构件来更加精准的演绎，铺瓦的屋面可以用双层交错的钢管排列来传承意向；古代的纸窗花格，可以用铝合金开模定制的型材来表达……几乎每一种值得保留意象的营造环节，都能够设法用现代的科技手段来重新实现。

How to Talk Between Modern Structural System and Chinese Style Architecture

现代结构体系
如何与中式建筑对话

在结构工程的营造层面，新一代的中式社区毫无疑问是变得更"轻"了，承重的墙体被钢筋混凝土的框架取代，厚重的瓦屋面也被质感轻盈的钢材铝板替换，作为空间分割的墙体可以更透更薄。对结构工程师而言，中式营造技术的挑战可以归纳为三点：第一，对细节的处理；第二，对空间的配合；第三，对院落围墙的处理。

中式建筑的屋顶形式比较复杂。以坡屋顶的变化为代表的中式屋顶形制需要配合室内空间的打造，每一根梁都必须反复核对，时而上翻、时而下挂、时而断、时而续，需要大量节点设计和耐心，若稍有不慎便会出错，比较复杂的歇山顶，屋面有进退，就直接选用折板的方式处理。除了对较复杂立面细部的准确把握之外，很多看不见的地方则需要结构工程师更费思量。大空间的布梁，不光要考虑房间的层高问题还要考虑对使用感受的影响。例如，建筑的梁作为结构构件，是否影响窗扇及花格的安装，是否影响吊顶及舒适度等。

"围墙"是中式社区中独有的重要元素，是构成立面和场景塑造的重点，中式社区又有很多是山地建筑，结构工程师必须全盘考虑围墙跟主体建筑、配景建筑以及主体基础的关系，不能完全交给景观配合。如在安吉天使小镇、杭州云栖桃花源等项目中，山地院落非常多，不仅前、后院有高差，而且院墙跟山体挡墙的关系也很复杂。再比如平湖春风江南二期的叠院式住宅中，上下叠的错位，带来的问题是"没有一堵墙是对齐的"。

　　"小房子也许计算说不上多复杂，但细节上问题很多，因此中式建筑的技术问题还需要格外细致，要跟建筑配合，要特别设身处地去考虑。"

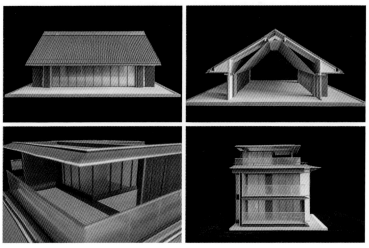

研究模型：现代中式叠拼住宅湖境云庐

How Can Modern Equipment Enhance Chinese Construction

现代设备如何在中式构建中加持

建筑设计与工程层面衔接的思考，指向人们对现代化生活的依赖，也意味着设备工程挑战的必然性，应积极地理解和处理相关问题，创新解决方案。

对于中式建筑而言，排水是个特别的存在。瓦当、滴水、雨帘，这是古人的智慧与情愫。走到今天，绝大多数的排水都需要有组织进行，排入市政管网。电路、空调管道、太阳能设备等，这些在传统中式文法下不曾存在的附庸与麻烦，而在当代人的生活中却是必不可少的选项。设备工程师很多时候要像个魔法师，将管道、设备想尽一切办法巧妙隐藏而又发挥其最大功用。例如，建筑师反复提到的，在创新的叠院式住宅设计中，设备工程师的努力是项目最终成功的重要助力。在平湖春风江南二期的施工中，设计师甚至发明了一种创新的侧排水方式，利用屋面转折的跌落，分层级组织雨水管路。很多时候工人都无法理解和施工，设备工程师同建筑师一起现场演示，不断地试错和改进。经过复杂的转换，最终在完全错位的上下叠立面上，实现了看不到一根排水管的初衷。

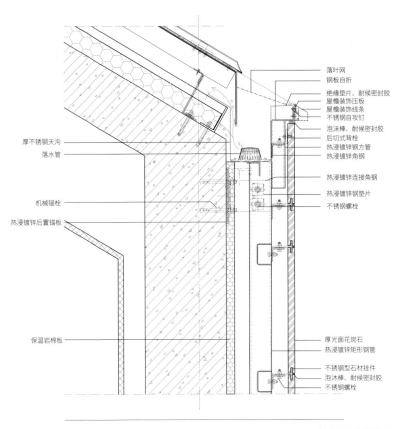

落叶网
钢板自折
绝缘垫片、耐候密封胶
屋檐装饰压板
屋檐装饰线条
不锈钢自攻钉

泡沫棒、耐候密封胶
后切式背栓
热浸镀锌钢方管
热浸镀锌角钢

热浸镀锌连接角钢
热浸镀锌钢垫片
不锈钢螺栓

厚不锈钢天沟
落水管

机械锚栓

热浸镀锌后置锚板

保温岩棉板

厚光面花岗石
热浸镀锌矩形钢管

不锈钢型石材挂件
泡沫棒、耐候密封胶
不锈钢螺栓

阿丽拉乌镇防水构造图

How do Modern Materials Present Traditional Styles

现代材料如何呈现传统样式

江南古典私家园林一直以来都是少数人的天堂。木构件定型拼接、现场施工、油漆等，这些过分依赖工匠手工和现场制作的工序会造成工期长，成品不统一等问题。而且纯木构件需要大量的后期维护，在时间和成本上都为大规模社区营造带来极大的困难。这个问题成为中式社区营造的痛点。

2017 年，goa 大象设计在天津桃李春风项目中首次尝试以"铝代木"的方式来解决北方冬歇期长，南、北方做法参差的问题。有色铝合金可塑性强，开模后规格统一，且比纯木构架线条更硬挺，安装简便，基本不需要后期维护。虽然存在手感较差的问题，但是在一些手触摸不到的位置，完全可以取代木构件。批量生产后铝合金构件的成本只有纯木构件的 6 成，而且金属材料比纯木材料更环保，可以重复利用。天津实验成功后，2018 年、2019 年在以浙江富阳云栖桃花源项目为代表的多个中式合院式社区的建造中，"铝代木"技术逐渐成熟并得到全行业的认可与推广。"铝代木"的出现，推动了整个建筑行业的技术发展与材料创新，也为铝合金生产厂家带来了大量订单，拓宽了生产范围，优化了产业结构。

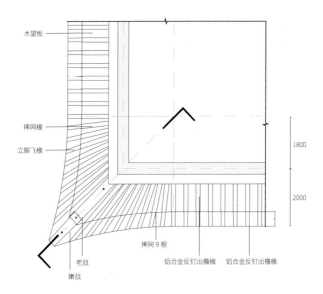

木望板
摔网椽
立脚飞椽
1800
2000
摔网 9 根
老戗
嫩戗
铝合金反钉出檐椽
铝合金反钉出檐椽
木望板
通长垫木
通长垫木
合金瓦口板
合金封檐板
嫩戗
老戗
铝合金半桁条
木垫块
550
2546
泥塑纹头脊
小青瓦

天津桃李春风铝合金构件

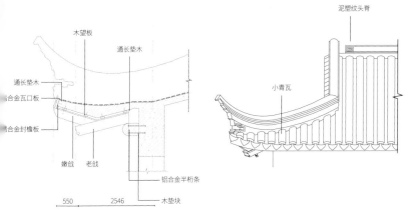

How to Apply Modern Construction Appropriately

现代构造如何自由发挥

金属作为当代不可或缺的建筑材料，在现代构造、装饰范畴内发挥着越来越大的作用。如何更恰当地发挥金属构件的力学和材料性能，利用现代构造逻辑实现中式社区情调，建筑师在不断地推演和创新。

2019 年重庆长乐雅颂项目，在宋式风格的社区营造中，建筑师放弃了"代木"，以更工业化、更当代化的形式语言表达"赵宋"的清雅、贵气与精致感。

由于时代的久远，宋式遗构少之又少，今人所有对宋式建筑的探究都停留在古书和古画当中，对宋风的认知也只停留在审美感知的层面。因此，建筑师营造"雅颂系"中式社区时，只是抓住了宋代推崇几何简雅，不追求过度装饰的审美风尚，抓住塑造水平感、线条感、精致感的塑造法则，将书籍与绘画中提炼出的"撇帘杆""望柱交绞造""檐柱"等构造节点形成系统，利用鎏金色的铝合金材质自由发挥，结合中式檐下空间形成了一套具有宋风特质的"外挂系统"，既有出处又简练放松、但求意到。所有金属构件均实现了工厂生产，现场装配的市场化需求。

当代新技术、新材料对中式社区营造给予了最大的支持与更新，立面的形式束缚得以释放，更多的类似幕墙的双层表皮建构关系，得以微妙地引入到中式住宅之中。庭院、墙体、开窗三者的关系，也变得更加富于变化，玻璃与金属带来的轻灵与传统江南的韵味毫无违和感，营造的趣味性变得更强。于是，强调"面"与"嵌套"的古典空间营造制式，被发展为突出"线"和"解构"的现代制式，这就意味着，建筑师可以用更灵活的策略去表达空间与建构的二元关系。

左：长乐雅颂将檐下构件体系化
右：湖境云庐在现代风格语言中融入宋式交绞造的转译

对话建筑师
Designer Talk

受访人：张晓晓、袁源、田钰、
李震、胡晨芳、于军贵

Q1：从图纸到建造，如何理解中式建筑在营造环节的困难和复杂性？

中式建筑最大的困难是对"手工"的极大依赖，或者叫"手作"，它是凝聚了经验、情感、工艺的东西，比较难以简单地标准化、工厂化，于是就给建造过程带来复杂性。我们目前大量的中式社区需要同时适应南方、北方的气候，这在"手工"上是个痛点。比如我们天津桃李春风的项目，只能尽可能地把一部分手工的东西，其中最典型的就是木构，转化成机器生产，工业产品。

Q2："铝代木"是 goa 大象设计首创，并在天津桃李春风中首次使用的吗？

是的，在中式社区中，可以当仁不让地认为这是我们的创新，虽然我们没有特别宣扬过。

有一个真实的故事：那次我到天津去，看到师傅在那儿补油漆。怎么做得那么烂？我就在那儿拍桌子，你到南方去看看，没有一个项目做那么烂的。后来我找到了问题的答案，主要是气候。北方的天气比较干，风一吹，油漆表面干了，里面还是湿的、软的。过 20 天以后里面干了，外面就裂了，这是必然的。要想做得好，漆一定要刷得薄，次数一定要很多。一根柱子，最好能刷上十几遍。皇宫可以，对于住宅小区是不可能的，所以这个情况无解。

我当时想起来张毓峰老师做的历史博物馆，用钢结构来模拟中国的木构，觉得这个路子是可行的。或许金属的东西能够更好地转化中国木构的一些特点。这个东西的好处是什么呢？克服了对手工工艺和木材的依赖。而且金属是可再生资源，比较环保，耐久性好。还有一个就是高效，北方有冬歇期，11 月份开始到第二年的 4 月份都不能施工，但金属构件只要拉到现场装配就可以了，一个礼拜搞定。通过这个项目让所有层面的参与者，包括业主、包括施工单位都产生了信心，认为这个事情是值得做的，一定是未来的方向。通过前瞻工艺引发行业革新，这才是设计公司应该做的事情。虽然我们自己就做了这么一两个项目，但是后来社会上已经遍地开花了。

Q3：我们很关心的一个问题是价格，这个工艺会不会很贵？

我当时就把一套木构的图纸发给做幕墙的朋友，问问他这套木构如果全用铝合金做的话，在制作效率、含铝量、价格方面，是不是可行？他说完全可以实现，回头报了一个价钱，我一惊，对于大规模生产而言，铝合金的价格比木构低太多了。"铝代木"就是这个契机产生的。

Q4：在近期的几个现代中式项目中，似乎"铝"已经不代"木"了，做得更自由了，是否可以说现代营造中，材料和工艺的更新已经进入了 2.0 阶段？

对，其实可以说是 2.5，为什么说 2.5 阶段呢？因为在这个阶段里面，我们又在思考一个问题，沿着中式建筑的发展脉络，从唐代到宋代的成熟，又转向明清的装饰化，构件逐步摆脱了结构受力的束缚后，变成纯粹的装饰。所以它的尺度、效果、外观都可以发生更多的改变。

在这些风格更加现代的居住项目里，"中式"的需求也是存在的，它是一种情感上的满足和连接，而营造方式要进行适应和改变。像湖境云庐以中式古典建筑的"槅扇"为设计灵感，利用白橡木纹转印铝合金形成竖向格栅，形成暖色、围合感的檐下空间；湖印宸山在立面增加铝合金装饰的细节，使立面线条更细、强化水平感，都很有代表性。

我们做了许多改良和工艺的简化，形式也更舒展和简洁一点。以后我们可能会做更多，我觉得这是第二阶段里面的一个延伸。

实践案例
Excellent Practices

Changle Yasong

长乐雅颂

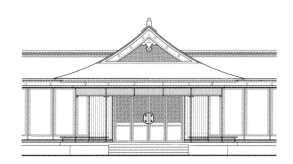

所在地址：重庆市
建筑面积：108000m²
设计周期：2019 至今

长乐雅颂项目位于重庆巴南区欧麓住宅板块，是全国首个全体系的低密宋式豪宅。项目以北宋都城东京汴梁内城为基础规划格局，师法艮岳宋式园林，具有几何简雅、柔美精巧的宋式美学特征。

相比明清，宋代遗存仅宫殿寺庙而无住宅研究难度大。创作团队通过研读梳理宋画中构件形式和植物配置等相关要素，运用现代材料和设计手法对宋式建筑和园林的重构与再译。例如以鎏金色金属线条表达擗帘杆和竹帘挂落，体现宋式建筑的线条感和精致感；采用菱形扶手和收分式望柱演绎宋代特色"寻杖交绞造"；以阳台美人靠、下移式披檐和抽象装饰斗拱转译宋式建筑的平座层等，试图在宋式营造法则中寻找适宜于当代人与建筑的互动方式。

方案对宋式聚落的形式、基本单元及尺度进行提炼，注重取景自然、通透秀丽、水平延伸的营造特征。设计师置入观山露台，听雨檐廊，抚琴阁，点茶待客的堂等空间，使居住者于日常中体验到宋代崇尚风雅、尊重自然的住生活。

宋式建筑立面与结构特点

宋代建筑结构内收，屋檐多出挑深远，扶手和挂落等装饰构件多在结构柱外侧设置，作为唯一竖线条的结构柱（檐柱）退后在装饰构件内侧。在阴影下看，建筑以横线条为主。

宋代推崇几何简雅，不追求过度装饰的审美风尚。建筑立面由纤细的线性构件（撺帘杆、格子挂落、通长的寻杖）组成。较粗大的结构构件——梁柱则故意退在后面和墙体融为一体。所以建筑多表现的纤细轻盈。

《营造法式》和《木经》的相继出现，使得建筑营造趋于科学条理、工艺精湛、精巧合宜。宋代士风盛行，士族对建筑艺术的理解和追求，由唐代的豪迈奔放，转向柔美精巧。工匠技术的进步和业主诉求的转变，使得宋式建筑发展成为中国古建筑史上最精巧却不繁复的建筑形式。

水平感

线条感

精致感

宋代多层建筑的平座层使立面水平线条层次更丰
富，且抗震性能优越。图为隆兴寺转轮藏殿实景

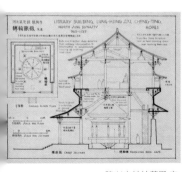

隆兴寺转轮藏殿 宋

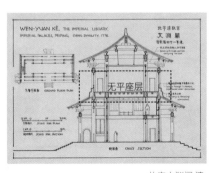

故宫文渊阁 清

雅颂设计策略

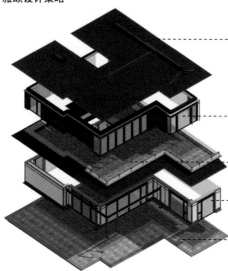

屋顶层：遵照宋式屋顶坡度和举折弧度，重点刻画歇山顶山墙部位

屋身层：摒弃宋式格子门窗，保留并转译撑檐杆、帘架、挂落等装饰构建

平座层：区别于明清建筑的重要部位，重点刻画

屋身层

基座层：保留并转译宋式台基的做法

H/B ≈ 1/2 (仅限三折民居)

屋顶层做法

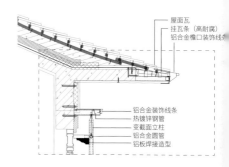

屋面瓦
挂瓦条（高耐腐）
铝合金檐口装饰线条

铝合金装饰线条
热镀锌钢管
变截面立柱
铝合金圆管
铝板焊接造型

长乐雅颂屋顶层细部实景

极宋的平座层

扶手细部刻画

卧棂造	通长寻杖	交绞造	收分望柱	望柱云拱

扶手栏板采用横纹印刷玻璃的方式，转译宋式栏板卧棂造

栏杆上部寻杖构件保留宋式通长特点

扶手交叉处还原宋式建筑特有的扶手形式寻杖交绞造

扶手望柱还原宋式建筑的收分特点

保留望柱云拱，并将柱头的云拱移至栏板处

通透的屋身层

屋身细部刻画

直棂窗	帘架	撑檐杆	雀替	挂落

鎏金色金属窗框加大面玻璃，转译出宋式建筑的直棂窗，更加别致通透

用现代材料和工艺表达宋式木质帘架，体现宋式雅居的灵巧与雅致

采用鎏金色金属线条表达撑檐杆，体现宋式建筑的线条感和精致感

使用鎏金色铝合金材料，将宋式雀替简化为更现代的金雀替

挂落采用四斜方格眼纹。宋式多为四直方格眼纹，斜纹更具有价值感

长乐雅颂立面装饰构件实景

10

装饰的基因
Genes of Decoration

传统美学的继承和创新
Inheritance and Innovation of Traditional Aesthetics

装饰，永远是现代建筑的一块心病。

路斯曾经狠狠地批判"装饰就是罪恶"；密斯的范斯沃思住宅不仅没有装饰，还完全透明；到了雅马萨奇的典雅主义时期，现代主义的主流建筑师又恰到好处地保留了某些装饰特征，赢得了市场的追捧。20世纪末，后现代主义时期的装饰构件往往充满着玩世不恭的情绪，而21世纪初的极简主义，又非常克制地看待装饰与空间纯净的相互影响。

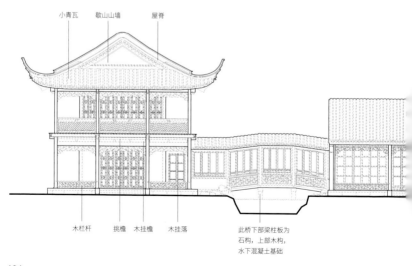

小青瓦　歇山山墙　屋脊

木栏杆　挑檐　木挂檐　木挂落　　　　此桥下部梁柱板为石构，上部木构，水下混凝土基础

装饰是用来表现地域固定固有特征的一种手段，应该把它放在与其它表现手段同等的地位加以论述。[21]

对于中式社区而言，任何时候装饰都是必不可少的。中国传统的构造与装饰如何有节制地镶嵌在现代空间语法之中，是中式设计法则的核心之一。

在最初以西子湖四季酒店为代表的纯正中式探索中，装饰、构建、色彩，但求其全。节点、构造，甚至灯具配件，皆是从古书上翻样、开模，以求"忠于纯正"。而随着建筑师与民众对中式情怀不断解读以及时代审美的变化，中式装饰的手法变得越来越放松与纯熟，"不泥古法，但求意到"已经是当代中式社区营造的不二法门。在对中式装饰的思考中任何时候都没有必要将其作为"现代性"的对立面来看待，而是要让它们在新材质和新工艺的支撑下，发挥某种连接时代机遇与历史积淀的作用，实现其特殊价值。

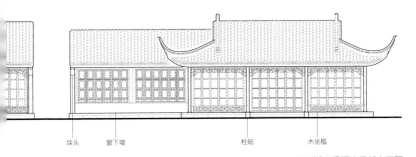

垛头　窗下墙　柱础　木坐槛

西子湖四季酒店局部立面图

Traditional Decoration + Modern Techniques/ Materials

传统装饰如何与
现代工艺、现代材料相结合

当代中式建筑对于传统装饰的继承存在以下的问题与趋势：

1. 由于现代生活的变迁、审美的多样化，大面积的、烦琐的装饰正在消失；

2. 由于传统材料与工艺的缺失带来仿制的不易与假面感；

3. 由于传统装饰制作与维护成本的高昂，复杂的工艺逐渐式微，但是画龙点睛的部分会依然存在。

在实践项目中，建筑师总结出如下应对策略：

1. 凸显材料特征，强调各部件不同材料的接合，追求冷静明确地逻辑关系，体现传统建筑的美感；

2. 采纳古典建筑的基本装饰特点，结合现代工艺的使用要求，简化装饰，手法节制，不求其全；

3. 采用类似质感的材料替代，减少维修和维护成本。

杭州未来科技城湖境云庐项目，作为未来与科技的先导，对于中式构建做出了如下解读与演绎。

建筑师利用 100mm×50mm 的六边形铝合金构件隐喻中式古典建筑檐下的基本构件——"额枋"。在额枋与檐柱交接处，利用榫卯的传统概念形成了简洁的"十"字收头，隐喻斗栱的出"昂"，又暗合了营造法式中的"寻杖绞角造"。对于私密性的维护，是随着当代城市高密度发展而来的问题。建筑师以中式古典建筑的"槅扇"为设计灵感，利用白橡木纹转印铝合金形成竖向格栅，分立于阳台的两侧，作为视线的遮挡，同时在顶部将其连通，形成一个"木质"感觉的"框"，增加了阳台空间的包围感，也在立面的处理上增加了一个有趣的层次。每一组细部构件都采用最适宜的当代材料，既不易损坏又细巧而精妙地表达了建筑的东方气质。构件之间搭接干净利落；每一处设置，既因地制宜又自在从容，以中式的轻灵满足当代与未来的舒适。

Creative Use of Traditional Color Image ⌐

传统色彩意象的创新运用

中国古典建筑素以色彩丰富、设色大胆、用色鲜明、对比强烈而见称，各种标准形制都有一定的设色方案。建筑物的颜色很大程度是由材料本身带来的，在常用的"五材并举"的混合形制中自然形成多种颜色 [22]。

当代中式建筑的色彩运用则趋于节制，与禅意、文人、清雅相关的不同层次的灰色，被灵活运用。在整体朴素的色彩基调中，点缀式的彩色物件变得极为讲究，成为视觉在某个时刻的聚焦点。

在重庆长乐雅颂项目中，结合重庆地域特色与"赵宋"美学精髓，建筑师颠覆了以明清粉墙黛瓦为母本的江南中式审美，大胆提出"深色为底，金色作线"的色彩构成逻辑。

古建筑中梁柱常用的"荸荠色"（或称"栗壳色"）被适当灰度化并大面积运用在建筑的二层和三层。深色的运用减小了建筑体量感，同时与大量运用的玻璃面融为一体，使墙面成功退在了后面，成为"隐藏"的背景。一如"瘦金体"的劲瘦、灵动，建筑师紧接着便创造了一个"金色的线性体系"，掰帘杆、格子挂落、通长的寻杖，穿插于檐下、柱间、廊前……以疏密有致的线条感，沉稳、贵气的"雅颂金"塑造出了建筑的又一个空间层次，毫不费力地实现了"宋式"美学的轻盈与精致。

"宋画"的意境与当代生活感受相融合，在人经常使用的空间中，增加温暖的色调与材质。青灰色屋顶与深远出檐的巨大阴影下，光线折射出檐下原木色暖黄调子的氤氲，散发出家的温暖与厚重。深色墙体与玻璃形成的"消隐界面"亦会随着天光云影的变化而时隐时现，鎏金线性体系是整个色彩系统的筋骨，工致细腻，协着"宋风"的矜贵与雅趣。正是《瑞鹤图卷》的当代铺陈，石青的天空，蒲黄的祥云与城门屋顶，群鹤或翔或住，姿态多变，写实中带着极强的装饰性。

长乐雅颂细部实景

Innovation of Chinese Furnishings

中式装修与陈设的创新

建筑师的工作实际上是为人类创造更美好的生活方式。室内环境的塑造与人们的生活最为息息相关。赖特几乎为其所有的建筑作品都设计过家具，密斯设计的巴塞罗那椅风靡全球，扎哈极具代表性的曲线不断复刻在室内和家具设计中。建筑师其实是竭尽所能地在对空间进行更深入的塑造和把控，于是很多建筑师逐渐变成了斜杠设计师，开始尝试更多元地介入到建筑的方方面面。

西子湖四季酒店在追求纯正中式韵味的过程中，进行了第一次尝试。从古代书籍中寻找最恰当的尺度与弧线，与厂家在材料与打样中多次打磨，最终成品的"玉兰"系列灯具，醇厚端庄，成为酒店中式气氛烘托的点睛之笔，在后续的中式项目中广为应用。

阿丽拉乌镇酒店的设计过程中，最初是由于建筑模数的关系，大量的家具需要定制，而后续购买的家具很难在款式、材料和颜色上与定制的产品匹配，建筑师不得已开始了室内空间及家具的设计工作。随着进度的深入，整个酒店变成了一次室内外空间更深入的一体化设计。室内外空间与色彩的融合带来家具的极致要求，极简的造型与室外抽象的几何达到统一，以更放松的方式，塑造了当代消费社会里静谧安逸的水乡生活。作为"抽象中式"代表的阿丽拉乌镇酒店将陈设中"中式"元素全部抹掉，却获得了最纯净的水乡体验。

"……一盏灯或一把椅子永远都是环境的一部分，通常是像这样的，当进行一座公共建筑的建造时，我注意到这些家具与器具对于创造一个整体来说是必要的，因此我设计它们，后来它们也可以适应其他的环境的事实，则会是另一段故事。……"

——阿尔瓦·阿尔托

木守西溪酒店遵循生态优化的设计原则。室外回廊以二度回收的老木板、锈化钢及水冲面大理石作为主材，借此将"时间"的概念引入空间——当材料的原始色泽和触感在风霜雪雨中缓慢演变，时间的流逝便也记录在空间的一石一木之中。老木板被一直沿用至室内，并与太湖石的边料"石皮"相结合，塑造空间的连续与交织。设计师并不刻意追求新颖与完美，以发现材料性格乃至缺陷为趣味，这是审美的选择，也是一个中国人"惜物"的设计，借此将"时间"的概念引入空间。当材料的原始色泽和触感在风霜雪雨中缓慢演变，时间的流逝也便记录在空间的一石一木之中。

随着时间的推移，中式社区对于传统装饰的继承实际上是一个墨色由浓转淡的过程，同时又是一个思考由浅入深的过程。从建筑发展的历史来看，形式也是由简入繁，又由繁化简的。"繁"是表示文化艺术兴起时的一种意态，处处表现出前人所不及的精巧。再度化简表示将前代的创造加以净化和使之更加成熟。[22]

对话建筑师
Designer Talk

受访人：何峻、梁卓敏、周翌

Q1：重庆长乐雅颂的装饰语言似乎跳出了以往中式社区的模式，它所构思的是什么样的图景呢？

宋式生活讲究与自然产生一些直接的关联，在这个房子里，可以在不一样的环境下欣赏不一样的风景。宋朝人对话自然的情趣和意境，在自己家里就完全可以感受到。例如我们在二楼的露台设计一处"无用"的空间，在夏季闷热的时候可以把窗全部关了，变成一个5、6个人在一起纳凉的空间。春秋季的时候完全可以打开，对着樵坪山品茶、品酒。它看似"无用"，但居住者可以按照自己的爱好把它拓展成一个积极的空间。这也是对宋代审美的一种提炼。

另外，中国古代建筑跟山水之间的色彩关系一般以白色、黑色为主。但在长乐雅颂这个项目上，我们希望建筑更靠近年轻人对现代生活的感受，所以在长乐雅颂的建筑色彩上，尤其在人使用的空间上，会增加一些温暖的颜色，比如在檐下空间包括撑檐杆的部分都做成了金色和木色。

Q2：重庆长乐雅颂是中式社区的另一个样式，您是通过哪些装饰的转译实现了"宋式"的雅致呢？

我认为，宋式建筑的特征是比较轻盈、通透、有层次感。宋朝都城搬到临安之后，很多的贵族是北方人，为了适应南方的湿热，房子都做得比较通透，门扇是跟日本那样推拉的，在外面又做了一个撑帘体系，有点像给建筑做了个蚊帐，冬天帘子能够收起来，夏天打开。整个建筑外面演变出一个轻盈的构造体系。古画里可以看到，在《营造法式》里，我们也找了依据——掰帘杆。大家觉得这个东西跟明清，跟北方建筑是完全不一样的，是宋式一个有特色的装饰层。最初帘子的构思是横条纹的，但是因为太长，横条纹的铝合金没法做，最后还是做成竖条纹了，端头用一根圆的棍子去收，就像帘子卷起来的轴。虽然材质是铝合金，但细节做到位，也就成为了宋式的转译。

Q3：西湖国宾馆八号楼与西子湖四季酒店的环境相近，在设计时有哪些区别？如何理解前者在形式上的创新？

西子湖四季酒店在建筑语言上会更中式、更纯粹一些，西湖国宾馆是在它的基础上提炼的，会更概括和抽象一些。因为戴念慈先生当年做国宾馆的时候其实更倾向于新中式的做法，他的语言是更加抽象的，然后当时业主对我们的要求也是不希望跟现有的建筑差距太大，所以我们还是采用戴先生以歇山顶为主的屋顶形式，但对檐口和门窗的做法都进行了提炼，比原建筑更宽，例如大堂和餐厅的玻璃，传统可能 0.6m～0.7m，我们做到了 1.6m～1.8m，用的是幕墙体系，而不是窗系统。

Q4：在中式项目中，如何看待建筑师跨界设计室内软装及配饰，变成了"斜杠建筑师"？

一方面，我觉得设计师是没有界限的，方方面面的创作工作均可涉及。建筑师有时是"手痒"，更多的时候是希望能够做得到位一点。尤其是你挑不到好的灯的时候。哈哈！我知道陆总在做"玉兰"那个灯的时候，其实就是因为挑不到。他就想：这很难吗？画在图上打打样看！其实一打样，确实也挺麻烦的，打了好久。最终做出来以后很提神、很贴切，大家在不付版权费的情况下，一直用到现在。在一个空间里面，配件其实挺重要的，要跟这个空间契合。优秀的设计师应该都会有感知和共鸣吧。

我们是很注重设计建造和完成度的公司，项目不会停留在概念上，而是对于设计的全程予以关注。设计的全程，它连接到什么呢？连接到人，连接到人的活动和使用。有很多现代建筑大师是把观念和概念放在首位的，像艾森曼，他觉得可以是卡纸板的建筑，他更关注概念本身。但是我们非常关注材质、使用、体验，因为我们的设计是面向大众、面向日常使用，所以，大家就会更愿意多做一点。我觉得这是很自然的事情。

实践案例
Excellent Practices

West Lake State Guesthouse Building No. 8

西湖国宾馆八号楼

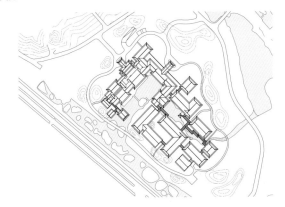

所在地址：浙江省杭州市
建筑面积：22000 m²
设计周期：2015-2016

　　西湖国宾馆核心区域主要建筑起始于 20 世纪 50 年代，是我国著名建筑大师戴念慈先生的经典之作，其建筑与园林、与西湖山水浑然一体，院内院外景色辉映，一直是党和国家主要领导人、各国元首政要、世界名人来杭活动和下榻的首选。八号楼的改建是为了全面完善国宾馆的综合功能，以承担 2016 年杭州 G20 峰会的接待任务。

　　设计以西湖国宾馆内现存的建筑风格为范本，以传承已有建筑群的特征为设计的主基调，旨在弘扬民族特色的同时兼具时代特征。重点研究西湖国宾馆内建筑的体量、高度、屋面形式、立面风格、细部尺度、比例、构件尺寸、材料、工艺、颜色等。尊重、延续西湖国宾馆的人文地脉气质，使新老建筑一脉相承。

　　西湖国宾馆不同于苏州深锁于墙垣之内私家园林，而是背靠丁家山，三面滨湖，呈开放大气之势。总体规划以此为依托，取正对南高峰为主轴，铺展入口、大堂、餐饮等公共功能序列；以遥望九曜山为副轴，串联起各个客房院落。借景入园，营造西子湖畔的"园中园"。

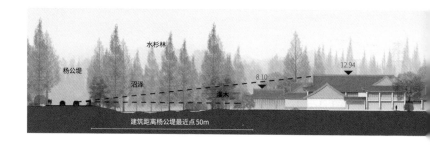

水杉林

杨公堤

沼泽

灌木

12.94

8.10

建筑距离杨公堤最近点50m

西湖国宾馆平面布局分析图

西湖视线

杨公堤视线

改造后建筑重塑如源，整体形象严整开朗，建筑屋面沿用宋代歇山顶形式，强化横向线条，结合台基、平座等传统手法，强调舒展的横向线条。立面上采用传统园林的花格窗、漏窗等构成元素，将其利用现代的设计手法进行简化，墙面运用 1.6m 大模数的玻璃幕墙、混凝土预制花格窗，色彩则选择灰白色的干挂石材及真石漆涂料。建筑整体呈现舒展而稳重，秀丽而浑朴。更加符合现代功能和空间表现的需要，同时又增加了传统质朴淡雅的艺术感受。

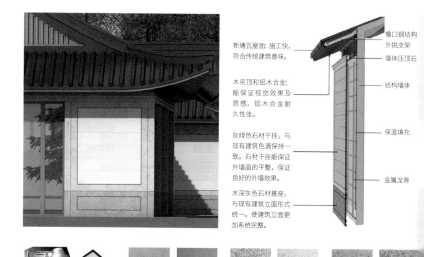

新塘瓦屋面：施工快，符合传统建筑意味。

木吊顶和铝木合金：能保证视觉效果及质感，铝木合金耐久性佳。

灰绿色石材干挂，与现有建筑色调保持一致。石材干挂能保证外墙面的平整，保证良好的外墙效果。

木深灰色石材基座，与现有建筑立面形式统一。使建筑立面更加系统完整。

檐口钢结构外挑支架

墙体压顶石

结构墙体

保温填充

金属龙骨

| 新唐瓦 | 高透玻璃 | 木饰面 | 铝合金 | 奥金麻 | 新城堡灰 | 青石 | 细翡珠灰麻 |

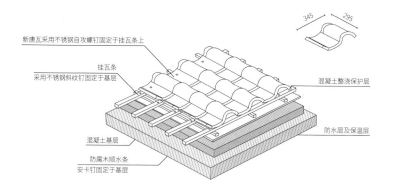

新唐瓦采用不锈钢自攻螺钉固定于挂瓦条上

挂瓦条
采用不锈钢斜纹钉固定于基层

混凝土整浇保护层

混凝土基层

防水层及保温层

防腐木顺水条
安卡钉固定于基层

345   295

混泥土预制花格墙

　　外窗采用咖啡色铝合金框白色透明中空玻璃；屋面采用青筒瓦，做到与西湖国宾馆内原有建筑相协调，融入于环境之中；挑檐部分以钢筋混凝土结构拟传统木构架形制，结构层藏于瓦屋面与木饰吊顶之间，是对传统建筑构造的高度提炼。整个建筑通过现代技术和传统文化元素的结合，体现了中国江南文化底蕴和现代建筑的舒适人性化精神，简洁大气，极富杭州地域特色。

《与西湖相拥》李华，domus，2011 年第 018 期

《山水情怀，不薄古今》方晓风、蒋嘉菲、吴倩，世界建筑，2014 年 9 月刊

《品质与品位，艺术与功能》董艺、陆皓、何兼、何峻，时代建筑，2017 年 8 月刊

《当传统遇上现代，解译东方文化的当代表达》陆皓、柳青，UED，2017 年 10 月刊

《南京桃花源》goa 大象设计，中国建筑装饰装修，2019 年 5 月刊

《湖境云庐设计中的东方与未来》李焱，时代建筑，2019 年 5 月刊

《当代水乡体验的新探索》卿州、刘一霖，世界建筑，2019 年 9 月刊

《湘湖逍遥庄园》goa 大象设计，建筑实践，2020. 年 7 月刊

《天津杨柳青新中式住宅》舒平，建筑学报，2006 年 04 期

《高层住宅的新中式设计理念》滑际珂，建筑学报，2010 年 03 期

《中国折中主义：西式折中在中国的实践》黄元炤，世界建筑导报，2016 年 01 期

《桃花源外的村落，中国乡土建筑的研究拓展及其意义》张力智，建筑学报，2017 年 01 期

《居住建筑中的新中式风格设计思路分析》黄思达，安徽建筑，2020 年 12 期

《造园美学的运用与追求美好生活的探究》庄召建，建筑与文化，2020 年 12 期

《创新国风住宅探索》马建安，中外建筑，2021 年 03 期

参考文献
Bibliography

【1】o.Verf.Werkbund, Ausstellung Die Wohnung Amtlicher Katalog (Stuttgart.1927)，转引自何崴，李红. 魏森霍夫住宅区——德意志制造联盟 1927 年建筑展 [J]. 建筑师，2007，6.

【2】刘晓都，孟岩，王辉. 用"当代性"来思考和制造"中国式"[J]. 时代建筑，2006，3.

【3】Florida R. The Rise of the Creative Class: And How It's Transforming Work, Leisure, Community and Everydaylife（New York: Basic Books, 2002）.

【4】罗伯特·文丘里. 建筑的复杂性与矛盾性 [M]. 北京：知识产权出版社，2006.

【5】原广司. 聚落之行 [M]. 岩波书店，1987.

【6】原广司. 世界聚落的教示 100[M]. 于天炜，刘淑梅译. 北京：中国建筑工业出版社.

【7】李允鉌. 华夏意匠 [M]. 天津：天津大学出版社，2005.

【8】上海市规划和国土资源管理局. 上海市街道设计导则 [M]. 上海：同济大学出版社，2017.

【9】秦健. 完整街道视角下的城市道路功能分析 [J] 城市道桥与防洪，2019，2.

【10】张岱年. 中国哲学史大纲 [M]. 北京：中国社会科学出版社，1982.

【11】汉宝德. 物象与心境——中国的园林 [M]. 北京：生活·读书·新知三联书店，2014.

【12】李德华，朱自煊，董鉴泓，赵炳时，邹德慈等. 中国土木建筑百科词典 [M]. 北京：中国建筑工业出版社.

【13】方晓风，蒋嘉菲，吴倩. 山水情怀，不博古今——杭州西子湖四季酒店 [J]. 世界建筑.2014/9.

【14】计成. 园冶 [M]. 重庆：重庆出版社.2009.7.

【15】汪丽君，舒平. 类型学建筑 [M]. 天津：天津大学出版社，2004.

【16】宗白华. 美学散步 [M]. 上海：上海人民出版社，2014.

【17】柯林·罗，罗伯特·斯拉茨基. 透明性 [M]. 北京：建筑工业出版社，2008.

【18】朱启钤."中国营造学社开社演词"[J]. 中国营造学社会刊，1930，1（1）：7-8.

【19】赵辰."天书"与"文法"，《营造法式》研究在中国建筑学术体系中的意义 [J]. 建筑学报 [J]. 2017(01).30-34.

【20】王骏阳."建构"与"营造"观念之再思——兼论对梁思成、林徽因建筑思想的研究和评价[J]. 建筑师，2006，6.

【21】原广司. 世界聚落的教示 100[M]. 于天炜. 刘淑梅译. 马千里，王昀校. 北京：中国建筑工业出版社.

【22】李允鉌. 华夏意匠中国古典建筑设计原理分析 [M]. 天津：天津大学出版社，2005.

本书图片来源：p112 嵊州越剧小镇概念设计总图，图片来源：嵊州绿城越剧小镇投资有限公司；p6、p14、p22、p29、p50、p78、p96、p118、p136、p168、p192 图片来源：unsplash.com。除上述说明外，本书图片均由 goa 大象设计提供。

写在后面
Postscript

编撰这本书源于一个浙江省科技厅的软科学课题研讨。当时，我常常想的是，在这么一个更开放、更多元，接受度更高的时代，中国传统样式的居住环境却似乎一夜之间取代了曾经那么雍容的法式、美式、地中海式等各种西方样式，这实在是一个有趣的现象。

于是我开始寻找一个探究的对象，或者说可以帮助我解惑的人。2004年建成的西子湖四季酒店可以说是这一轮传统中式建筑复兴的第一朵报春花，它是绕不开的话题。我访谈了四季酒店设计单位——goa 大象设计的多位资深建筑师。李震说："做了这么多年设计，终于可以玩一点中式了，我很开心。"斌鑫跟我说的第一句话是："这股风已经快过去了。"晓晓也告诉我，很多甲方已经在寻找变化，但是他又说："未来其实是过去和现在的延长线，你在推演未来的时候，必然有现在的思考和对过去的继承，未来是可以触摸的。"然后，张迅问我："我到底是谈南方中式和它的地区性变异呢？还是谈在中国这块土地上中式产品的生根与研发？"

"中式建筑"实在是个太大的命题。从 1954 年梁思成先生在《建筑学报》创刊号上发表 "中国建筑的特征"，到饱受争议的北京西客站，再到王澍老师的获奖作品象山美院，中式传统建筑的当代探索从来没有停止过，已然成了每一位中国建筑师的情结和思辨。而我们只是以一个观察者的视角，选择 goa 大象设计这家走在前面的设计单位，记录在这一轮的中式住品复兴中，建筑师做了些什么，怎么做的，有些什么经验与法则，或者说走了哪些弯路，产品的迭代是怎样的，未来的方向也许是什么。我们并不沿用曾经的名词"新中式"或者"轻中式"等，在这本书里我们所探讨的中式，是一种适用于中国人的"中国式"栖居环境，它是极具当代性的，有着极强在地性的，自由、放松的中国式营造。正如陈斌鑫所说，"我们在做的中式就像后现代建筑一样，西方的后现代，是在某一个阶段，在当建筑不能体现文化和价值，或者变得像塑料没有表情的时候，客户希望能够回馈历史。"又或者如张晓晓所说，"我们现在正处在一个类似文艺复兴的状态里面，正在做一个跟自己民族或者跟自己生活可能有更多情感联系的探索，然后能够把当下的问题一一解决好。这个可能变成了我们现代建筑的一个问题。**

感谢 goa 大象设计为本书提供的支持与帮助，感谢童明先生和何兼先生为本书撰写文章。

---

* 李焱，中国美术学院讲师，国家一级注册建筑师，专注于城市更新进程中的历史文脉延续与风貌创新策略研究。

我们对于当代中式社区设计的梳理始于一系列采访，goa 大象设计的资深专家陆皓先生、何峻先生、田钰先生、张晓晓先生、陈斌鑫先生、袁源先生、张迅女士、梁卓敏女士，李震先生、周翌先生、蒋嘉菲女士、于军贵先生、胡晨芳女士慷慨分享了他们的真知灼见，帮助我们更深入地了解行业的现实语境，在此诚挚表示感谢。同时也要感谢蒋嘉菲女士、李震先生、于军贵先生、赵得功先生为本书早期策划提供了宝贵建议，使全书提纲更加完备。

goa 的众多同事在本书的编辑过程中为我们提供了丰富资料，谨在此对他们的无私帮助表示感谢（排名不分先后）：马江平、马惟略、王宇、王忠杰、王培柱、毛佳佳、叶雪洁、吕焕政、朱欣伟、庄雪松、庄新炉、刘天宇、刘波、刘斐斐、许晋朝、李政、李凌、杨必龙、杨晨恺、吴鹏、陈伟、陈思、陈致浩、陈浩杰、陈海翔、林昌焱、林梅娟、金学颖、郑文康、郝博文、胡祖龙、袁波、贾高松、徐江、高峰、郭吟、黄伟、鲍华英。本书的资料收集工作十分庞杂，感谢王玲玲、叶骐榕、付慧、孙唯一、李莉、张阳洋、张欣怡、陈雅婷、陈璐、周齐、单冬、官晓凤、夏梦菲、钱心莹、梁爽、梁穗、蒋佩、蔡梦婉所提供的帮助。此外，艾侠先生和刘一霖女士为文献整理及编辑工作付出了大量努力，在此表示感谢。